Ralph Gruber

HANDSTEUERSYSTEM FÜR DIE BEWEGUNGSFÜHRUNG

Fortschritte der Robotik

Herausgegeben von Walter Ameling und Manfred Weck

Vieweg

Fortschritte der Robotik   14

Ralph Gruber

HANDSTEUERSYSTEM FÜR DIE BEWEGUNGSFÜHRUNG

vieweg

Die Deutsche Bibliothek – CIP-Einheitsaufnahme

Gruber, Ralph:
Handsteuersystem für die Bewegungsführung /
Ralph Gruber. –
Braunschweig; Wiesbaden: Vieweg, 1992
  (Fortschritte der Robotik; 14)
  Zugl.: Karlruhe, Univ., Diss.
  ISBN-13: 978-3-528-06478-5   e-ISBN-13: 978-3-322-88813-6
  DOI: 10.1007/978-3-322-88813-6
NE: GT

Fortschritte der Robotik

Exposés oder Manuskripte zu dieser Reihe werden zur Beratung erbeten an:
Prof. Dr.-Ing. Walter Ameling, Rogowski-Institut für Elektrotechnik der RWTH Aachen,
Schinkelstr. 2, D-5100 Aachen
oder
Prof. Dr.-Ing. Manfred Weck, Laboratorium für Werkzeugmaschinen und Betriebslehre
der RWTH Aachen, Steinbachstr. 53, D-5100 Aachen
oder an den
Verlag Vieweg, Postfach 58 29, D-6200 Wiesbaden.

Dr. Ing. Ralph Gruber promovierte im Kernforschungszentrum Karlsruhe am Institut
für Datenverarbeitung in der Technik. Sein derzeitiges Arbeitsgebiet ist die prozeßnahe Roboterprogrammierung und die Automatisierung von Schleif-, Polier- und Ent-
grataufgaben.

Der Verlag Vieweg ist ein Unternehmen der Verlagsgruppe Bertelsmann International.

Umschlaggestaltung: Wolfgang Nieger, Wiesbaden
Gedruckt auf säurefreiem Papier

ISBN-13: 978-3-528-06478-5

Vorwort

Die vorliegende Arbeit entstand während meiner Tätigkeit als wissenschaftlicher Angestellter am Institut für Datenverarbeitung in der Technik des Kernforschungszentrums Karlsruhe.

Meinen Referenten Herrn Prof. Dr.-Ing. Wittenburg und Herrn Prof. Dr.-Ing. Trauboth möchte ich für ihre Bereitschaft, diese Arbeit zu betreuen und für die sorgfältige Durchsicht der jährlichen Arbeitsberichte herzlich danken.

Besonderen Dank möchte ich meinem Doktorvater Herrn PD Dr.-Ing. habil. M. Lawo aussprechen. Er hat entscheidend die Formulierung des Themas mitgeprägt sowie die Einrichtung der Promotionsstelle am Institut für Datenverarbeitung in der Technik im Kernforschungszentrum Karlsruhe vorangetrieben. Durch sein ständiges Interesse und die regelmäßige Prüfung des Arbeitsfortschrittes sorgte er für das erfolgreiche und schnelle Gelingen dieser Arbeit.

Namentlich danke ich Herrn Dr. Haffner für seine stetige Auskunftsbereitschaft besonders in Hinblick auf steuerungstechnische Belange der AEG-Robotersteuerung. Herr Droll sorgte für die rechtzeitige Bereitstellung eines funktionstüchtigen Kraft-Momenten-Sensors inklusive Kalibriermatrix. Herr Göbell und Herr Li unterstützten mich bei der Umsetzung der Master-Steuerprogramme in realzeittüchtige Pascal-programme.

Der mechanischen Werkstatt des handhabungstechnischen Labors mit ihrem Meister Herrn Ritter danke ich für die Fertigung und Montage des Handsteuergerätes sowie Herrn Dillmann für seine unkomplizierte und schnelle Hilfe bei Beschaffungen.

Für die vielen Gespräche und die daraus resultierenden Anregungen mit meinen Kollegen aus den Abteilungen Industrielle Handhabungs-systeme/Dr.Lawo und Steuerungssysteme und Kommunikation/ Dr.Holler bedanke ich mich ebenfalls recht herzlich.

Zum Schluß möchte ich noch der Kommission zur Vergabe von Doktorandenstipendien des Kernforschungszentrum's Karlsruhe für die Genehmigung des Stipendiums danken.

Inhalt

Anhang

Abkürzungen

ASM	Advanced Servo Manipulator des Oak Ridge NL
DH	Denavit-Hardenberg
DKP	Direktes kinematisches Problem
DNC	direct numerical control
EMSM	Elektrischer Master-Slave-Manipulator
HBG	Handbediengerät
IKP	Inverses kinematisches Problem
KMS	Kraft-Momenten-Sensor
KOS	Koordinatensystem
MMI	Man-Machine-Interface (Mensch-Maschine-Schnittstelle)
MSB	Master-Slave-Betrieb
TCP	Tool-Center-Point (Arbeitspunkt eines Werkzeuges)
VZ1/2	Verzögerungsglied 1. bzw. 2. Ordnung

Institutionen

ANS	American Nuclear Society (Kernenergie-Gesellschaft in den USA)
CAE	canadische Elektronikfirma
CEA	Commission Energique Atomique (Franz. Energie- und Atombehörde)
CRL	Central Research Laboratorium (Forschungslabor von der amerikanischen Firma Sargent Industries)
DLR	Deutsche Forschungsanstalt für Luft- und Raumfahrt
EDF	Französische Elektrizitätsgesellschaft
ISW	Institut für Werkzeugmaschinen und Steuerungstechnik der Universität Stuttgart
JPL	Jet Prolusion Laboratory in Pasadena, Californien
KfK	Kernforschungszentrum Karlsruhe
MIT	Massachusetts Institute of Technology in Cambridge, USA
MITI	Agency of Industrial Science and Technology in Japan
NASA	National Aeronautics and Space Administration (Nationale Luft- und Raumfahrtbehörde der USA)
ORNL	Oak Ridge National Laboratory in Oak Ridge, Tennessee, USA
UKAEA	United Kingdom Atomic Energy Authority (britische Atomenergiebehörde)
wbk	Institut für Werkzeugmaschinen und Betriebstechnik der Universität Karlsruhe
WZL	Laboratorium für Werkzeugmaschinen und Betriebslehre der Rheinisch-Westfälischen Technischen Hochschule Aachen

Verwendete Formelzeichen

$\{A\}$, $\{B\}$	Frames
a_i, α_i, d_i, Θ_i	Denavit-Hartenberg Parameter
$^{i-1}A_i$	Gelenk-Transformation zw. 2 benachbarten Manipulatorgliedern
B	6x6 Dämpfungsmatrix
C^m, C^s	kartesischer Raum des Masters bzw. des Slaves
$D_x(a)$	homogene Transformationsmatrix für eine Verschiebung um a entlang der x-Achse
f^m_i, f^s_i	i-tes Moment des Master- bzw. Slavegelenkes
F^m, F^s	6x1 Kraftvektor der Gelenkkräfte von Master bzw. Slave
F	kartesischer 3x1 Kraftvektor mit den Komponenten f_x, f_y, f_z
$\mathcal{F}$	verallgemeinerter kartesischer 6x1 Kraftvektor aus F und M
J	Jacobimatrix einer kinematischen Funktion
K	normierter 3x1 Vektor einer Rotationsachse
M	kartesischer 3x1 Momentenvektor mit den Komponenten m_x, m_y, m_z
n, o, a	Einheitsvektoren des Endeffektorframes
^AP_B	3x1 Positionsvektor eines Punktes im Frame $\{B\}$ relativ zu $\{A\}$
P^m, P^s	Positionsvektor der Master- bzw. Slaveachsen im Gelenkraum
^A_BR	3x3 Rotationsmatrix des Frames $\{B\}$ relativ zu $\{A\}$
$R_x(\alpha)$	homogene 4x4 Transformationsmatrix für eine Rotation um die x-Achse mit dem Winkel α
$R_{,t}$	Ableitung einer Rotationsmatrix nach der Zeit
S	schiefsymmetrische 3x3 Winkelgeschwindigkeitsmatrix
T_f, T_v	kartesische Kraft- bzw. Geschwindigkeitstransformation
T_6	homogene 4x4 Transformationsmatrix des Endeffektors
^Av_P	3x1 Geschwindigkeitsvektor des Punktes P im Frame $\{A\}$
v^m_i, v^s_i	Winkelgeschwindigkeit des i-ten Master- bzw. Slavegelenkes
v	verallgemeinerter 6x1 Geschwindigkeitsvektor aus v und Ω
V^m, V^s	6x1 Winkelgeschwindigkeitsvektor der Master- bzw. Slaveachsen
x^m, x^s	kartesischer 6x1 Positionsvektor des Master- bzw. Slaveendeffektors
X, Y, Z	Einheitsvektoren eines kartesischen Koordinatensystems
Z	Impedanz eines mechanischen Systems
α, β, γ	Kardanwinkel
α^m_i, α^s_i	i-ter Gelenkwinkel des Masters bzw. Slaves
Γ	Transformations-Operator für eine Vorwärtstransformation
Λ	Operator für eine Transformation zw. 2 Gelenkräumen
Ω	3x1 Winkelgeschwindigkeitsvektor im kartesischen Raum

1. Einleitung

Handsteuergeräte gibt es in den vielfältigsten Ausführungen und Baugrößen. Ihr Einsatz erstreckt sich über die unterschiedlichsten Anwendungsbereiche. Die kleinste Ausführung bilden die sogenannten Joysticks, das sind Miniatur-Steuerknüppel mit ein bis drei Freiheitsgraden, die zur Fernsteuerung von Flugkörpern, Modellautos und -schiffen verwendet werden. Ihre Stellungen werden elektrisch über Potentiometer abgegriffen. Größere Steuerknüppel werden für die Steuerung hydraulischer Bewegungsachsen eingesetzt. Der Steuerknüppel stellt dabei die Verlängerung eines Ventilschiebers dar, über dessen Stellung der Ölstrom durch das Servoventil gesteuert wird. Steuerknüppel dieser Art findet man z.B. bei Gabelstaplern, Baggern und sonstigen hydraulisch angetriebenen Schwermanipulatoren. Bewegungsparameter sind dabei Wege oder Winkel einzelner Bewegungsachsen.

Die Auswirkung der manuellen Steuerbewegung beobachtet der Bediener durch direkte Einsicht oder bei entfernt aufgestellten Systemen über eine Fernsehkamera am Bildschirm. Nach längerem Training ist der Mensch in der Lage, mehrere zu steuernde Vorgänge mit nebeneinander angeordneten Steuerknüppeln gleichzeitig zu beherrschen. Die manuelle Steuerung eines Manipulators mit sechs oder mehr Bewegungsachsen wäre einem Mensch auch nach längerem Training nicht möglich, wenn er jede Bewegungsachse über ein eigenes Betätigungsglied zu steuern hätte. Die gleichzeitige Steuerung aller Bewegungsachsen ist für den Bediener nur dadurch beherrschbar, daß er die Steuerbewegungen für sämtliche Bewegungsachsen an ein und demselben Handgriff einleitet. Dieses Betätigungsglied muß demzufolge denselben Freiheitsgrad gegenüber dem Bezugsystems aufweisen, wie der Manipulator ihn besitzt. Manipulator und Bedienteil haben in Hinblick auf eine einfache steuerungstechnische Kopplung im allgemeinen die gleiche kinematische Struktur. Steuerarm, Manipulator und ihre steuerungs- und antriebstechnische Kopplung bilden ein Master-Slave-System. Daraus entstanden anfangs mechanisch gekoppelte Master-Slave(MS)-Servomanipulatoren und später elektrisch gekoppelte Systeme /16/.

Der mit MS-Servomanipulatoren praktizierte Master-Slave-Betrieb (MSB) war hauptsächlich bestimmt für Fernhantierungsaufgaben in für den Menschen gefährlicher Umgebung wie in heißen Zellen kerntechnischer Anlagen, im Weltraum, Unterwasser, in Hochspannungsanlagen oder bei der Bombenbeseitigung /1,113/. Der hierbei entfernt aufgestellte Slavemanipulator stellt eine Art verlängertes Werkzeug dar. Gerade in kerntechnischen Bereichen sind sie ein unverzichtbarer Bestandteil für Wartungs- und

Instandsetzungsarbeiten geworden. Aber auch für mehr industrieorientierte Aufgaben hat sich der MSB als geeignet erwiesen. So sind z.B. Anwendungen bekannt, bei denen mit MS-Servomanipulatoren Gußgrate an großen Werkstücken beseitigt werden /111/.

In Großforschungsprojekten, wie der Konzeption von Weltraumstationen oder der Reparatur von Satelliten hat der MSB ebenfalls hohe Bedeutung erlangt /2,11/ und in dem zukünftigen Forschungs-Fusionsreaktor NET sind MS-Manipulatoren für Wartungs- und Reparaturarbeiten fest eingeplant /3/.

Ein MSB mit Kraftreflexion hat sich beim Arbeiten mit elektrischen MS-Servomanipulatoren als sehr effektiv erwiesen, was Erfahrungsberichte deutlich machten /4/. Lasten im Greifer des Slaves, Bearbeitungskräfte von aktiven Werkzeugen und Kollisionen des Endeffektors mit der Umgebung werden in die Bedienerhand zurückgekoppelt und verleihen dem Operateur ein Kraftgefühl, das er sonst nur bei direkter Ausführung mit seiner eigenen Hand erfahren würde.

Für den Einsatz von Industrierobotern (IR) in der Fernhantierung sprechen im wesentlichen 2 Argumente: Als Manipulatoren sind sie kostengünstiger, da sie in viel höheren Stückzahlen produziert werden, und zudem sind sie steifer gebaut und bieten in Verbindung mit ihren Steuerungen höhere Bewegungs-genauigkeiten sowie vor allen Dingen den Automatikbetrieb. Ein Mischbetrieb aus Automatik- und bedienergeführtem Betrieb ist Bestandteil eines fortschrittlichen Master-Slave-Fernmanipulationssystems (CAT-Systems). Für den Einsatz eines Industrieroboters in solch einem System hat sich der Begriff "Telerobotics" etabliert, der zum erstenmal 1987 von Sheridan klar definiert wurde /12/.

Der Einsatz von IR in der Fernhantierung ist schon von mehreren Forschungslabors entwickelt und erprobt worden. Versuchseinrichtungen, die Puma, RC5 bzw. Manutec Roboter zu Telemanipulatoren umgerüstet haben, sind an der Universität in Mexico /7/ im Harwell-Laboratorium in England /9/ an der Deutschen Forschungsanstalt für Luft- und Raumfahrt /13/ sowie am Kernforschungszentrum Karlsruhe /10,32/ in Betrieb und erste Erfahrungen in ihrer Bedienerführung liegen vor.

2. Motivation

Es folgen einige Betrachtungen zur Universalität, aus denen die Zielsetzung und die Aufgabenstellung hergeleitet werden. Die Einsatzfälle werden an verschiedenen Betriebsarten und potentiellen Anwendungen erläutert.

2.1 Betrachtungen zur Universalität

Ein Handsteuergerät kann bis zu einem gewissen Grad universell einsetzbar sein. Betrachtet man mögliche Anwendungsbereiche wie die Fernhantierung mit MS-Servomanipulatoren oder die Playback-Programmierung von 6-achsigen Industrierobotern, so bestehen gemeinsame Anforderungen insofern, als ein 6-achsiger Steuerknüppel zur Vorgabe von Positionen und Orientierungen benötigt wird. Der Begriff Steuerknüppel soll assoziieren, daß er wesentlich kleiner sein soll als ein Manipulator und eher die Größe eines Joysticks haben soll.

Die Universalität liegt darin, daß Manipulatoren von unterschiedlicher kinematischer Konfiguration mit ein- und demselben Handsteuergerät geführt werden sollen. Der aus kerntechnischen Bereichen bekannte MSB mit Servomanipulatoren setzt kinematisch gleich aufgebaute Manipulatoren für Master und Slave voraus, begründet durch die mechanische Kopplung der Master- und Slavearme und ihrer bilateralen Positionsregelung auf Gelenkebene. Jeder Slavemanipulator benötigt seinen eigenen Master, was sich bei einer Kosten-Nutzen-Betrachtung als sehr unwirtschaftlich erweist. Damit erscheint es zweckmäßig, den MSB universeller und flexibler zu gestalten. Der Master soll optimal an die Fähigkeiten seines Bedieners angepaßt sein, wohingegen der Slave gemäß seiner Arbeitsaufgabe und den dort herrschenden Umweltbedingung ausgewählt werden soll. Es soll also nur noch einen Master geben, der mit beliebigen 6-achsigen Kinematiken elektrisch gekoppelt werden kann.

Die Verwendung eines universellen Handsteuergerätes kann neben der Bedienerführung von Manipulatoren bzw. Robotern auch zur Steuerung anderer angetriebener Objekte herangezogen werden. Denkbar wäre die Steuerung eines mobilen Roboters, eines Flugobjektes oder eines Vielzweckfahrzeuges. Diese Anwendungen erfordern teilweise weniger als 6 Bewegungsfreiheitsgrade.

Kraftreflexion, eine Eigenschaft, die sich gerade bei der Fernhantierung mit elektrischen MS-Manipulatoren als sehr effektiv erwiesen hat, sollte bei einem universellen Handsteuergerät nicht fehlen, auch wenn nicht jede Anwendung diese Eigenschaft von vornherein verlangt.

Die Universalität eines neuartigen Handsteuergerätes wird nicht zuletzt durch die Funktionalität seiner Steuerung bestimmt, die es mit der Zielkinematik bzw. deren Steuerung verbindet. Eine standardisierte Schnittstelle soll dafür sorgen, daß Bewegungsvorgaben und Signale für die Kraftrückkopplung untereinander ausgetauscht werden können.

2.2 Zielsetzung und Aufgabenstellung

Nach den Vorbetrachtungen zur Universalität steht fest, daß das Handsteuergerät in dem Sinn universell ist, daß es eine Reihe von gemeinsamen Anforderungen erfüllt, die von mehreren Anwendungen gleichermaßen benötigt werden. Die wichtigste dieser Grundanforderungen ist die freie Bewegbarkeit seines Handgriffes, um Verschiebungen und Verdrehungen in allen Richtungen mit einer Hand vorgeben zu können.

Ziel der Universalmasterentwicklung ist es, zum einen für die Roboterprogrammierung einen Steuerknüppel zur Verfügung zu haben, mit dem alle Freiheitsgrade seines Endeffektors gleichzeitig mit einer Hand geführt werden können, und zum anderen einen kleinen und kraftreflektierenden Master zu haben, um den MSB mit Servomanipulatoren effizienter und ergonomischer zu gestalten. Dieser Vorgabe kommt auch der in der Fernhantierung zu beobachtende Trend zugute, die Arbeitsmanipulatoren mit roboterähnlichen Steuerungseigenschaften auszustatten, oder sie ganz durch Industrieroboter zu ersetzen /6,8/.

Die Grundanforderungen an das universelle Handsteuergerät sind:
- es soll 6 Freiheitsgrade besitzen, um Verschiebungen und Verdrehungen gleichzeitig mit einer Hand vorgeben zu können.
- seine 6 Freiheitsgrade müssen ohne gegenseitige Kopplung bedienbar sein.
- es soll in all seinen Freiheitsgraden Kräfte bzw. Momente reflektieren können.
- es soll über einen angemessenen Arbeitsraum verfügen, um seinem Bediener eine ergonomische Bewegungsvorgabe zu ermöglichen sowie das Erkennen der Kraftreflexionsrichtung nicht zu beeinträchtigen.
- es soll mobil sein, damit es zu verschiedenen Slaves ohne großen Aufwand transportiert werden kann.
- es soll wahlweise im Sitzen oder Stehen bedienbar und sein Handgriff mindestens von einer Seite aus frei zugänglich sein.

5

- seine Steuerung, die Mastersteuerung, soll über eine standardisierte Kommunikationsschnittstelle mit der Slavesteuerung verbunden werden können.

Als Aufgabe ergeben sich somit die Entwicklung eines Systems bestehend aus dem universellen Handsteuergerät mit den o.g. Eigenschaften sowie einer Mastersteuerung, die die Steuer- und Regelalgorithmen für Bewegungsvorgabe und Kraftrückkopplung beinhaltet. Ausgangspunkt sollen aktuelle Forschungsarbeiten auf dem Gebiet der "Telerobotics" sein. Der bedienergeführte Betrieb eines Industrieroboters soll realisiert werden. Die Begriffe Master für das Handsteuergerät, Slave für den Roboter und MSB für seine Bedienerführung werden im folgenden verwendet.

2.3 Betriebsarten und potentielle Anwendungen

Eine Betrachtung des Anwendungspotentials für ein universelles Handsteuersystem ist im Vorfeld der Entwicklung wichtig, um erstens den Entwicklungsaufwand zu rechtfertigen sowie an den Bedürfnissen der Praxis nicht vorbeizuplanen. Wie seine Bezeichnung "universell" es ausdrücken soll, wird an ein breites Einsatzfeld gedacht, um einen entsprechend hohen Nutzungsgrad zu erreichen. Um die Einsatzmöglichkeiten zu betrachten, werden erst einmal mögliche Betriebsarten zusammengestellt (vgl. Tab 2.1). Als traditionelle Betriebsart ist der MSB zu nennen, wie man ihn im Umgang mit MS-Servomanipulatoren kennt. Eine weitere sehr geläufige Betriebsart ist die Teach-In- (TEA) und Playback-Programmierung (PLA) von IR. Eine Kombination aus MSB und Automatikbetrieb führt zum Mischbetrieb (MIB). Neue und unvorhersehbare Arbeitsschritte steuert der Operateur im MSB, während bekannte und häufig benötigte Abläufe die Automatiksteuerung übernimmt, um den Bediener zu entlasten. Eine mehr dem Automatikbetrieb nahestehende Betriebsart ist das Übersteuern von Automatikprogrammen (ÜAP).

Die oben aufgezählten Betriebsarten werden stark von den Fähigkeiten der zum Einsatz kommenden Master- und Slavesteuerung abhängen. Tabelle 2.1 listet aktuelle und potentielle Anwendungen und Einsatzgebiete auf.

Einsatzbereiche	Betriebsarten
Kerntechnik - Überwachungs-, Reparatur- und Inspektionsarbeiten - Wiederaufbereitung und Brennelementherstellung - Entsorgung von radioaktiven Anfällen - allg. Fernhantierungsaufgaben in heißen Zellen - Fernhantierung in und um Fusionsreaktor (invessel und exvessel handling)	MSB,MIB ↓

Industrie
 	
- schnelles Teachen von Punktschweiß-Programmen
- Playback-Programmierung von Lakier-, Putz-, Meß-
  und Bahnschweißroboter
- Putzen, Entgarten, Polieren von Werkstücken
- Montage bzw. Fernhantierung unter Reinraumbe-
  dingungen (z.B. Chipherstellung)
- Betonsanierung
	TEA
	PLA
	
	MSB,MIB,ÜAP
	MSB, MIB
	
	MSB, ÜAP

Raumfahrt - Reparatur von Satelliten - Bau von Weltraumstationen - Erkunden von Planetenoberflächen	MSB MSB, MIB MSB
Medizintechnik - Steuerknüppel für Behinderte - ferngesteuerte Operationen mit Mikromanipulatoren	MSB MSB, MIB
Katastrophen-Schutz - Bombenbeseitigung - giftgasfester Kriegsroboter - Universalmaster bei Chemie- und Reaktorunfällen	MSB ↓
Meerestechnik - Wartung und Reparatur von Bohrinseln - Tiefseeforschung - Bergung von gesunkenen Schiffen	MSB, MIB ↓

Tabelle 2.1 Potentielle Anwendungen und Einsatzfälle für ein universelles Handsteuergerät
(MSB = Master-Slave-Betrieb,
MIB = Mischbetrieb,
TEA = Teach-In-Programmierung,
PLA = Playback-Programmierung,
ÜAP = Übersteuern von Automatikprogrammen)

3. MSB mit Servomanipulatoren

Der erste Abschnitt zeigt den Stand der Technik bei MS-Servomanipulatoren auf. Dabei werden die Errungenschaften des Kernforschungszentrums Karlsruhe (KfK) und die des Oak Ridge National Laboratoriums (ORNL) näher erläutert. Erleichterungen des MSB's, die insbesondere in Verbindung mit einem Digitalrechnern erzielt werden können, werden im zweiten Abschnitt aufgezeigt. Die Leichtgängigkeit des Masters, eine Größe, die die Güte des MSB's entscheidend mit beeinflußt, wird im letzten Abschnitt behandelt.

3.1 Elektrische MS - Servomanipulatoren

Ray Goertz baute 1954 den ersten elektrischen Master-Slave-Manipulator(EMSM) mit Kraftreflexion /16/. Bisherige mechanische MS-Manipulatoren waren zwar recht wendige und zuverlässige Geräte, aber aufgrund ihrer mechanischen Kopplung in der Aufstellungsentfernung und Mobilität begrenzt. Der elektrische MS-Manipulator bot dagegen mehr Flexibilität /22/. Zum einen konnte die nun elektrische Kopplung durch flexible Steuerkabel oder bei größerer Entfernung durch Radiowellen erfolgen. Desweiteren konnte dem Slave-Manipulator mehr Mobilität gegeben werden, z.B. durch seine Montage an eine weitere Translationsachse oder an einen Teleskopausleger. Dem Operateur des MS-Manipulators war damit ein größerer Arbeitsbereich zugänglich. Ein weiterer wesentlicher Vorteil des elektrischen MS-Manipulatorsystems gegenüber den mechanischen besteht darin, daß durch Kraftverstärkung die Belastung des Operateurs bei höherer Beanspruchung des Slaves gering gehalten und damit die Leistung des Bedieners deutlich erhöht werden kann.

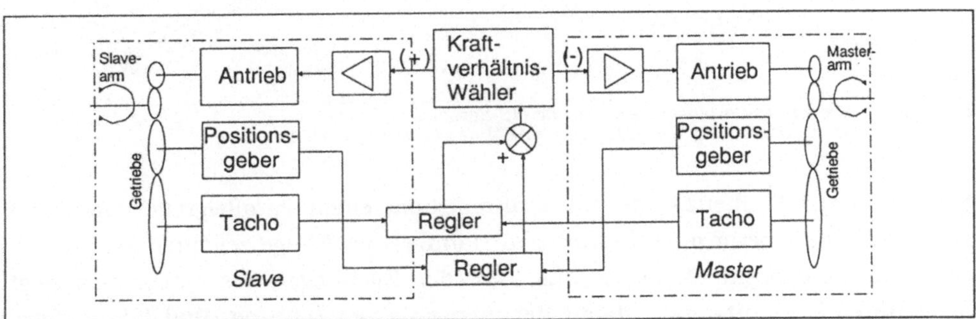

Bild 3.1   Vereinfachtes Blockschaltbild einer bilateralen Positionsregelung für elektrische MS-Servomanipulatoren.

Die erste Generation von elektrischen MS-Servomanipulatoren waren nach dem Prinzip einer bilateralen Positionsregelung gesteuert. Jeder Arm wird derart geregelt, daß er immer die Position des anderen zu erreichen versucht. Hierdurch wird gleichzeitig auch die Eigenschaft der Kraftrückkopplung realisiert. Bild 3.1 gibt ein vereinfachtes Blockschaltbild solch einer bilateralen Positionsregelung wieder. Eine leichte Bewegbarkeit des Masters wird dadurch erreicht, daß seine Gewichtskräfte durch Gegengewichte ausgeglichen werden.

Neuere Ansätze basieren ebenfalls auf dem Konzept der bilateralen Positionsregelung, versuchen aber durch elektrischen Ausgleich von Reibungs-, Trägheits- und Gravitationskräften die Bewegbarkeit des Masters zu verbessern. Bekannte MS-Servomanipulatoren sind der EMSM-2B des KfK /19/, der ASM (Advanced Servomanipulator) des Oak Ridge NL /20/, der M2 von Sargent Industries /23/ sowie der MA23 M, der gemeinsam von EDF und CEA /17/ entwickelt wurde. Zwei typische Vertreter sind in Bild 3.2 gegenübergestellt.

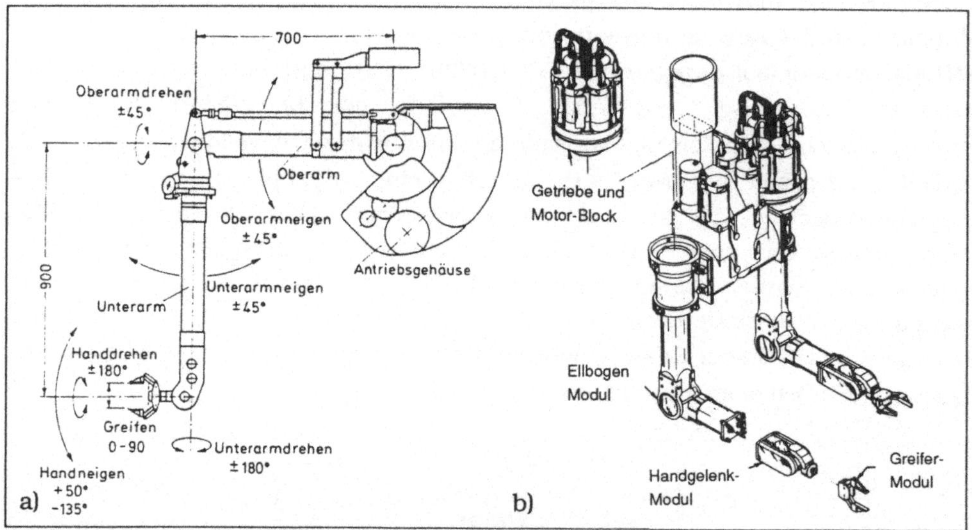

Bild 3.2   Zwei charakteristische elektrische MS-Servomanipulatoren, der EMSM-2B des KfK (a) und der ASM des Oak Ridge NL(b)

Sie besitzen 6 Freiheitsgrade mit Kraftreflexion, einen Parallelgreifer und sind aufgebaut aus Oberarm, Unterarm und Handgelenk. Einige zeichnen sich durch eine anthropomorphe Bauweise aus, d.h. der Ellenbogen des Oberarmes zeigt nach unten und entspricht damit der menschlichen Haltung (Bild 3.2b). Diese Bauform eignet sich besonders für horizontale Operationen. Andere bevorzugen die umgekehrte Konfiguration mit waagrechtem Oberarm und hängendem Unterarm (Bild 3.2a). Die Motoren für die Ellbogen- und Handachsenantriebe tragen sie im Oberarm und haben durch diese Anordnung ein Gegengewicht zur Ausbalancierung der Armmassen von Unterarm und Handgelenk. Im folgenden werden zwei typische Vertreter näher erläutert.

Beim EMSM-2B /19/ sind Master und Slave kinematisch ähnlich aufgebaut. Ober- und Unterarm des Masters haben 2/3 der Länge gegenüber den Slavearmen. Die Ausbalancierung der Achsen erfolgt mit zwei Gegengewichten. Die Bewegungen Oberarmneigen und -drehen sowie Unterarmneigen werden über Stirnzahnräder, das Unterarmneigen über eine Schubstange durchgeführt. Der Unterarm und die Handachsen werden über Stahlseile gedreht. Die Antriebseinheiten für den Slave bestehen aus je zwei Motoren, einem Getriebe, zwei Positionsgebern und je einer Bremse pro Motor. Die Antriebseinheiten für den Masterarm haben nur einen Motor. Es werden Asynchron-Motoren mit besonders hoher spezifischer Leistung verwendet.

Bauart Konfiguration	Armstruktur aus Oberarm, Unterarm, Handgelenk u. Greifer anthropomorph (=elbow-down Konfiguration) oder elbow-up Konfiguration
Traglast des Slaves	25kg Dauerlast, 45kg Spitzenlast
Motorprinzip	Drehstrom-Asynchronmotoren mit Frequenz- und Stromregelung
Antriebsleistung/Drehmoment	Slave: 2x110W/2x1Nm Master: 55W/0,55Nm
Kraftübertragung	zu Unterarm/Handachsen über Stahlbänder und -seile, zu Oberarm über Zahnräder und Schubstange
Getriebeuntersetzungen:	1:3 bis 1:30 (Handachsen haben niedrige Untersetzung, Oberarm hohe Untersetzung)
Beschleunigungsvermögen-	2,5g bis 5g bei Null-Last, 1g bei Voll-Last
Arbeitsgeschwindigkeit	1 bis 1,5m/s in x/y-Ebene
max. Kraftreflexion	70 N
Kraftverstärkung	1:2 bis 1:20
Nachgiebigkeit zw. Master u. Slave bei Voll-Last	7 - 11cm
Bewegungsbereiche	Oberarmneigen : +- 45grad Oberarmdrehen : +- 45grad Unterarmneigen : +- 45grad Unterarmdrehen : +- 180grad Handneigen : + 50grad, -135grad Handdrehen : +- 180grad Greifen : 0..90mm
Masse des Slavearms	135kg - 150kg
Gewicht/Traglast	5 bis 7
Kraftauflösung	max. 1:50, entspricht ca 0,5kg
Leerlaufkräfte	4 bis 10N = ca. 2% der max. Traglast

Tabelle 3.1 Elektrische und mechanische Kennwerte des EMSM-2B /19/

Die Getriebe sind als drei- bzw. zweistufige Stirnradgetriebe ausgeführt, wobei für Master und Slave der gleiche Typ verwendet wird. Als Positionsgeber dienen hochauflösende optische Winkelgeber und zusätzlich Potentiometer zur absoluten Messung. Bei den Antrieben werden Frequenz und Stromstärke unabhängig voneinander geregelt, wodurch sich die Vorteile von Drehstrom- und Gleichstromantrieb kombinieren lassen. Infolge des symmetrischen Aufbaus der Regelung ist das System reversibel, d.h. auch bei Auslenkung des Slavearmes wird der Masterarm mitgeführt. Die elektrischen und mechanischen Kennwerte des EMSM-2B sind in Tabelle 3.1 aufgelistet.

Der "Advanced Servomanipulator (ASM)" des Oak Ridge NL /20,21/ ist ein Dualarm-MS-Servomanipulator. Master und Slave sind nur noch geometrisch ähnlich aufgebaut, da sich ihre Kraftübertragungsmechanismen völlig unterscheiden. Der Antrieb der Slaveachsen setzt sich aus Standard-Modulen bestehend aus Motor mit integrierter Bremse, Geber und Tacho zusammen. Der Vorteil dieser Modultechnik liegt in der günstigen Wartbarkeit und einfachen Reparaturdurchführung. Die Kraftübertragung beim Slave geschieht mit Zahnräder und Hohlwellen, die des Masters dagegen mit Seilen. Die mit dem Zahnradantrieb beim Slave verbundene höhere Reibung, das größere Spiel und die großen Trägheiten werden steuerungstechnisch sowie durch erhöhte Fertigungsgenauigkeiten und vorgespannte Getriebe kompensiert. Die Ausbalancierung der Slaveachsen erfolgt elektronisch, wodurch Gesamtgewicht, Massenträgheitsmomente und Bauvolumen klein gehalten werden können. Durch die vorgespannten Getriebe treten erhöhte Reibungskräfte auf. Master- und Slave-Motoren sind vom gleichen Typ. Aufgrund des Kraftübertragungsprinzips mit Seilen und Bändern können im Master Reibung, Trägheit und Spiel klein gehalten werden. Der Master besitzt einen mechanischen Gewichtsausgleich über einen parallelen Viergelenkmechanismus, der in der Oberarmröhre unsichtbar untergebracht ist. Der Masterhandgriff ist als pistolenähnlicher Griff ausgeführt. Der Greifer wird über einem Hebel mit Federrückstellung betätigt und besitzt daher keine Kraftreflexion. Die ASM-Steuerung basiert auf einer erweiterten bilateralen Positionsregelung. Software-Kompensations-Methoden sorgen nämlich dafür, daß die nachteiligen Wirkungsgrößen des Slaves wie Reibungs-, Trägheits- und Koppelmomente vom Operateur weitgehend ferngehalten werden.

3.2 Rechnergestützter MS-Betrieb

Betriebserfahrungen im KfK mit elektrischen MS-Manipulatoren haben ergeben, daß die Belastung des Operateurs bei der Fernmanipulation noch beträchtlich hoch ist. Ständige Aufmerksamkeit und physikalische Anspannung seines Armes in dem relativ großen Arbeitsraum des Masters lassen den Operateur schnell ermüden. Neuere Entwicklungen zielen darauf hin, diese Last zu reduzieren. Ein Weg ist der Einsatz eines Rechners, woraus sich die rechnerunterstützte Telemanipulation (engl.CAT) entwickelt hat.

Rechnerunterstützung kann parallel oder sequentiell zum manuellen MS-Betrieb erfolgen. Der "Supervisory Control Mode" nach Sheridan /12/ ist ein Beispiel für die sequenzielle Unterstützung. Der Bediener teilt sich mit dem Steuerrechner die Führungsaufgabe (Shared Control). Immer wiederkehrende Bewegungssequenzen stehen nach einer Einlernphase dem Operateur zur Verfügung und können bei Bedarf automatisch ablaufen. Es ergibt sich ein Mischbetrieb aus bedienergeführtem Betrieb und Automatikbetrieb. Die Entwicklungen von Sato und Hirai /29/ sind ein Beispiel für die parallele Rechnerunterstüzung. Sie haben eine Manipulatorsprache entwickelt, um beispielsweise Freiheitsgrade im Arbeits-Koordinatensystem des Slaves zu sperren. Der Rechner übernimmt die Einhaltung der spezifizierten Zwänge, während die verbleibenden Freiheitsgrade durch den Benutzer weiterhin frei manipulierbar bleiben.

Eine weitere Verbesserung des bedienergeführten Betriebes wird durch Einsatz von Sensorik am Arbeitsort erreicht. Visuelle, auditive und taktile Sensoren, die meist mit in die Slavehand integriert werden, verbessern die "Telepräsenz", d.h. sie tragen dazu bei, dem Operateur ein genaueres Bild von der Arbeitsumgebung des Slaves zu vermitteln. Um dem Bediener seine Entscheidungsfindung zu erleichtern, ist auch die geeignete Darstellung jeglicher Sensorinformation wichtig /5/. Entwicklungsarbeiten diesbezüglich betreffen im wesentlichen die Gestaltung der Mensch-Maschine-Schnittstelle. Komfortable Menüführungen über Touchscreen-Bildschirme und Spracheingabe sind Stand der Technik /25,34/.

3.3 Verbesserungen der Bewegbarkeit des Masters

Die Bewegbarkeit des Masters ist ein entscheidendes Merkmal für die Qualität des MSB's. Je leichtgängiger der Master, desto empfindlicher kann die Kraftreflexion ausfallen. Hierzu sind steuerungstechnische und konstruktive Maßnahmen notwendig.

Leichtgängigkeit erfordert geringe Reibung und Spiel in den Gelenken und Antriebssträngen sowie niedrige Armgewichte und -trägheiten. Reibung und Spiel werden mit kurzen Antriebsstrecken und kleinen Übersetzungsverhältnissen herabgesetzt. Eine Möglichkeit, insbesondere die Haftreibung drastisch zu reduzieren, ist die Überlagerung der Motorsignale mit einem Sinuspegel (engl.Dithering), um die Antriebe und damit die Achsen immer in Bewegung zu halten. Es muß dabei verhindert werden, daß sich das Signal über den Handgriff als Zittern auf die Bedienerhand überträgt. Geringe Armgewichte und Armträgheiten werden durch Verwendung von leichten Baumaterialien sowie durch kurze Hebelarme der Gegengewichte zur Ausbalancierung von Drehachsen erreicht.

Reibung und Trägheit können desweiteren durch regelungstechnische Maßnahmen herabgesetzt werden, wie es Bild 3.3 am Beispiel der bilateralen Positionsregelung des EMSM-2B zeigt /19/. Bei der Reibungskompensation wird die Geschwindigkeit des Slavearmes berücksichtigt und dieses Signal zu den Stellsignalen des Slave-Steuerkreises addiert. Zur Massenträgheitskompensation wird die in der Istwert-Erfassung der Slaveseite durch Ableitung gewonnene Beschleunigung herangezogen und dieses Signal vom Stellsignal im Steuerkreis des Masters subtrahiert.

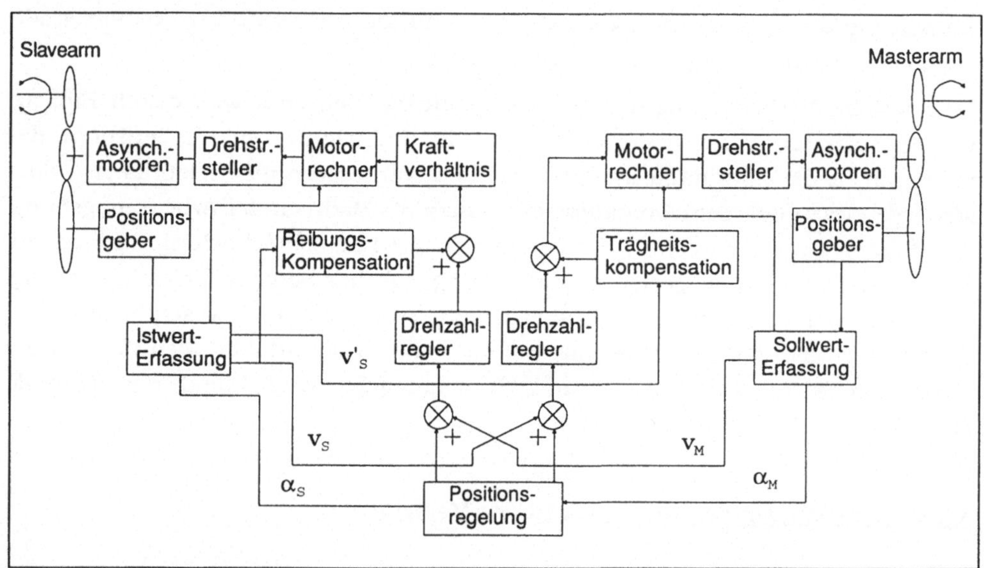

Bild 3.3 *Funktionsschema einer bilateralen Positionsregelung mit Reibungs- und Trägheitskompensation /19/*

Als Beispiel für die Verbesserung der Bewegbarkeit können auch Direktantriebe verwendet werden. Bei einem 6-achsigen Master (Bild 3.4a) werden die einzelnen Bewegungsachsen über integrierte DC-Motoren ohne Getriebeübersetzung angetrieben. Mit diesem Master wird ein ebenfalls direkt angetriebener kinematisch ähnlicher Slave gesteuert. Die Parallelkinematik im Oberarm sorgt für die Gewichtskompensation des Unterarmes und der Handeinheit. Mittels dieses Parallelmechanismus wird das Gegengewicht in der Nähe der 1. Achse angeordnet. Das Trägheitsmoment um diese Achse wird so klein gehalten. In dieser Konstruktion treten statische Reibungskräfte in der Größenordnung von nur 0,2 N auf.

Eine Verbesserung der Leichtgängigkeit läßt sich auch durch völlig neuartige Antriebselemente erreichen wie der in /15/ beschriebene pneumatisch angetriebene Master zeigt (Bild 3.4b). Durch Luftaus- und -einfuhr werden armierte Gummikörper gestaucht und gestreckt. Die Bewegungen werden durch Seile in Rotationsbewegungen umgesetzt. Master und Slave sind anthropomorph aufgebaut und sind kinematisch ähnlich.

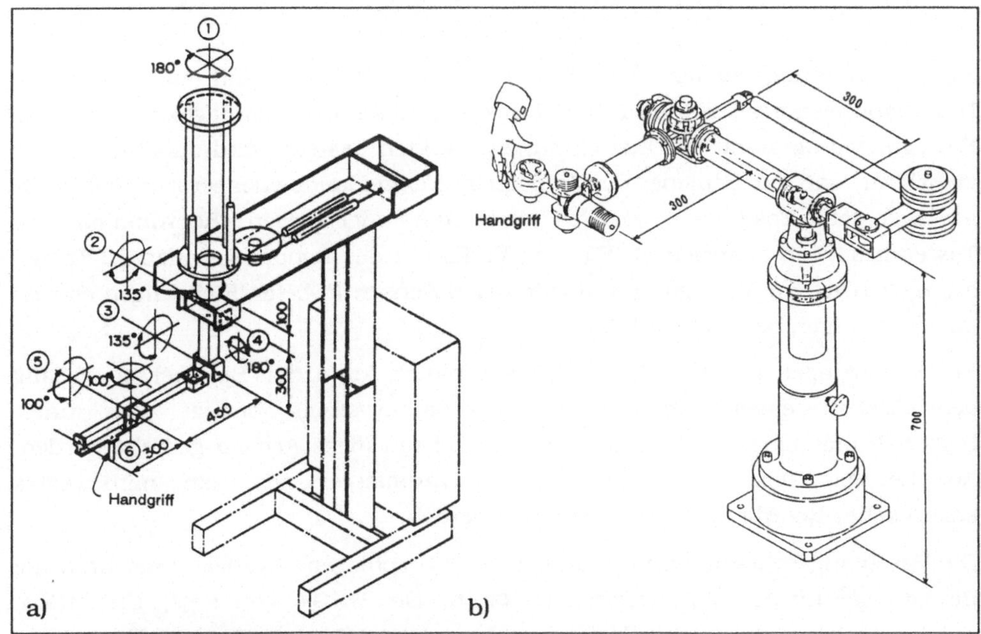

Bild 3.4   *Neuartige Konstruktionsprinzipien für Mastermanipulatoren*
a) Direkt angetriebener Master /26/
b) pneumatisch angetriebener Master /15/

4. Bedienergeführter Betrieb von Industrierobotern

Die manuelle Bedienerführung von Manipulatoren gibt es nicht nur in der Fernhantierung mit MS-Servomanipulatoren sondern auch im industriellen Bereich zur Programmierung von Industrierobotern. Die manuelle Bedienerführung stellt hierbei keinen produktiven Vorgang dar, sondern ist Mittel zur Erstellung von effizienten Automatikprogrammen. Bei der prozeßnahen Roboterprogrammierung kann zwischen dem Teach-In- und dem Playback-Verfahren unterschieden werden.

4.1 Methoden der Teach-In-Programmierung

Hauptanwendungsbereich für das Teach-In-Verfahren sind punktbezogene Handhabungsaufgaben wie z.B. das Punktschweißen oder Montageaufgaben. Das Bewegungsprogramm, das aus einzelnen Punkten besteht, wird dabei in der Art eingelernt, daß der Bediener den Roboter mit dem Handbediengerät (HBG) in die gewünschten Positionen verfährt und die zugehörigen Koordinaten auf Tastendruck hin abspeichert. Für das Verfahren des Roboters stehen 12 Tasten auf dem HBG zur Verfügung, um jede der 6 Achsen in beide Richtungen einzeln oder zusammen bewegen zu können.

Bei Steuerungen mit Koordinatentransformation kann der Endeffektor entlang den Achsen eines kartesischen Koordinatensystems bewegt oder unter Beibehaltung seines Tool-Center-Points (TCP) um diese Achsen gedreht werden. Als Bezugssystem kann entweder ein raumfestes oder ein mitbewegtes kartesisches Koordinatensystem gewählt werden.

Die Bewegungsführung mittels eines 2- oder 3-achsigen Joysticks erleichtert die Bewegungsführung im kartesischen Raum. Die HBG'e von Reis, Unimation, ASEA, NOKIA und MultiCraft haben solche Steuerknüppel. Mit einem Auswahlschalter kann die Roboterhand entweder nur translatorisch bewegt oder unter Beibehaltung des TCP um die Achsen des Bezugssystems gedreht werden.

Ein Bediengerät, das die gleichzeitige Vorgabe von 6 Freiheitsgraden gestattet, ist die von der DLR entwickelte 3D-Sensorkugel /48/ (s. auch Kap.5.1). Im Rahmen eines Forschungsprogramms für die europäische Raumfahrtmission D2 wurden verschiedene Konstruktionsausführungen und Steuerprinzipien an ihr getestet. So gab es eine steife und eine nachgiebige Ausführung, die in Verbindung mit einer hybriden Positions- und Kraftsteuerung von der DLR getestet wurden. Daneben wurden zwei Varianten für ihre Montage erprobt, die Anbringung auf einer raumfesten Bedienkonsole und zum anderen die direkte Montage am

Roboter-Endeffektor. Erfahrungen mit der Sensorkugel (SK) zeigten, daß das gleichzeitige Steuern von 6 Freiheitsgraden mit einer rein kraftgesteuerten SK kaum zu bewältigen ist. Mit der nachgiebigen Kugel konnten dagegen die Kopplungen zwischen den Translations- und Rotationsbewegungen etwas unterdrückt werden. Mittels Tastenfelder können einzelne Freiheitsgrade gesperrt werden.

4.2 Methoden der Playback-Programmierung

Im Gegensatz zu der Teach-In-Programmierung werden bei der Playback-Programmierung nicht einzelne Punkte, sondern Bahnen eingelernt. Der TCP ist entlang von Bahnen zu führen bei gleichzeitiger Vorgabe der erforderlichen Orientierung. Während dieser Bewegungsführung liest die Robotersteuerung in einem festen Zeitraster die Stellungen aller Achsen ein und speichert sie ab. Anwendungsgebiete der Playback-Programmierung sind bahnbezogene Aufgaben wie z.B. das Putzen von Gußgraten /112/, das Farbspritzlackieren /36/ oder der Mischbetrieb bei der rechnerunterstützten Fernhantierung /30/.

In Bild 4.1 sind einige Sensorführsysteme für die Playback-Programmierung dargestellt. Bei der ersten Methode wird neben dem Werkzeug ein Sensorführsystem angebracht, das der Bediener greift und damit den Roboter direkt führt. Solch ein System kann z.B ein auf Kraft-Momentensensorik basierender Handgriff nach Blomberg /42/ oder eine Sensorkugel (Bild 4.1f) sein. Ein induktiv arbeitendes Führsystem hat das ISW unter dem Begriff Programmiergriffel entwickelt (Bild 4.1c).

Der Roboter kann auch indirekt aus sicherer Entfernung gesteuert werden. Vom WZL wurde hierzu ein Programmierzeiger entwickelt (Bild 4.1b). Verschiebungen und Verdrehungen werden über eingebaute Magnetometer und Beschleunigungsaufnehmer erfaßt, in einem μ-Rechner aufbereitet und anschließend an die Robotersteuerung als Verfahrbefehle übertragen.

Ein kinematisches Ersatzmodell, eine Nachbildung des eigentlichen Roboters in leichter Ausführung, wird per Hand geführt, um eine Bahn einzulernen (Bild 4.1a). Eine höhere Beweglichkeit bietet das in Japan entwickelte optische System (Bild 4.1d) oder das vom WZL gebaute inertiale Meßsystem (Bild 4.1c). Bei dem optischen System bewegt der Programmierer einen Lichtzeiger mit mehreren Lichtquellen. Die Bewegungsbahn wird von mindestens zwei Kameras aufgenommen. Aus den Signalen werden alle Geometrieinformationen berechnet. Beim Verwenden eines inertialen Meßsystems wird ein Sensorblock aus Kreiselsystemen und Beschleunigungsaufnehmern entlang der einzulernenden Bahnkurve geführt und dabei die Positionen und zugehörigen Orientierungen relativ zu einem feststehenden kartesischen Bezugssystem erfaßt. Tabelle 4.1 stellt wichtige Merkmale der aufgezählten Sensorführ- und Hilfssysteme einander gegenüber.

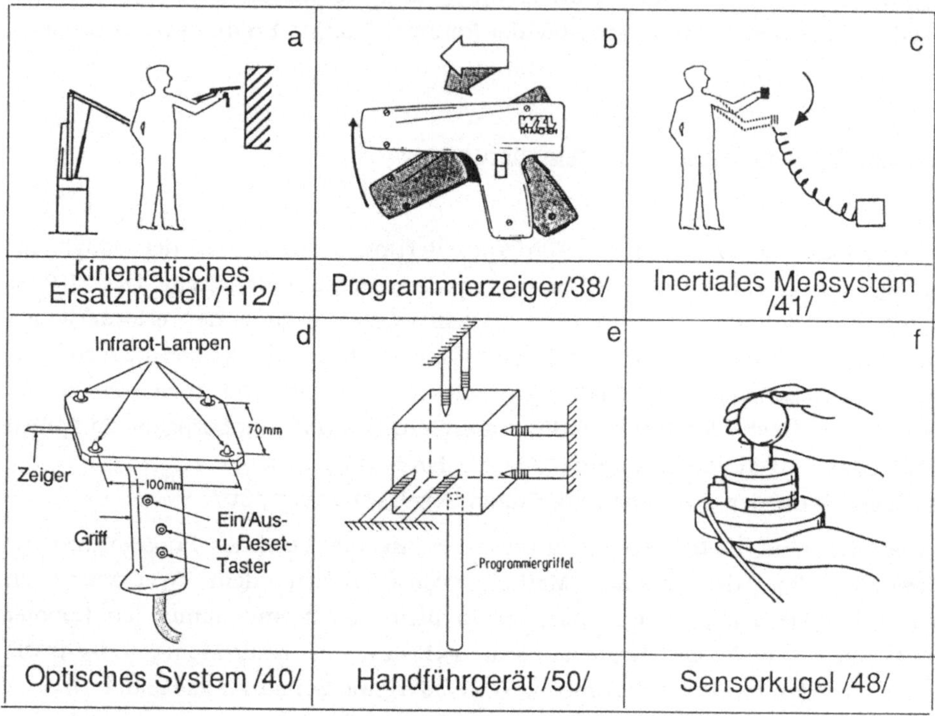

Bild 4.1 Sensorführ- und Hilfssysteme für die Playback-Programmierung von IR

System Kriterium	kinematisches Ersatzmodell Bild 4.1a	Programmier- zeiger/WZL Bild 4.1b	Inertiales Meßsystem Bild 4.1c	Optisches System Bild 4.1d	Handführ- gerät/ISW Bild 4.1e	Sensorkugel/ DFVLR Bild 4.1f
Hilfssystem	Kinematik	3D-Magneto- meter, 3 Beschl.Aufn.	3 Kreisel- systeme, 3 Beschl.Aufn	Lichtquelle und 2 Kameras	Griffel an induktiven Weg.Aufn.	Dehnungsmeß- streifen oder optische Weg- erfassung
Montage	Ständer auf Boden	räumlich frei bewegbar	frei beweglich am Kabel	frei beweglich	Roboter- Endeffektor	Endeffektor oder Bedienconsole
Referenz-KOS für Bahndaten	joint	world	world	world	joint/ world	joint/ world
Aufwand für Auswertung	null, reine Daten- abspeicherung	mittel	mittel	hoch	mittel	mittel
Praxis- Erfahrung	geringe Leichtgängigkeit	Maschinen stören Erdmagnetfeld	geringe Genauigkeit	Abschat- tungs- Probleme	Sensorsignal- verarbeitung der IR-Steu. zu langsam	Sensorsignal- verarbeitung der IR-Steu. zu langsam

Tabelle 4.1 Gegenüberstellung und Bewertung verschiedener Sensorführ- und Hilfssysteme für die Playback-Programmierung

5. Mehrachsige Handsteuergeräte

In den folgenden Abschnitten werden Handsteuergeräte, die sich aus einer ganz anderen Richtung heraus entwickelt haben, aufgelistet und bewertet. Dabei wird unterschieden zwischen passiven Geräten, die nur ein reines Wegsignal liefern, und aktiven Geräten, die aufgrund ihrer integrierten Antriebe eine Positions- bzw. Kraftrückkopplung leisten.

5.1 Passive Geräte

Handsteuergeräte zur reinen Bewegungsvorgabe ohne Kraftreflexion sind auch aus anderen Technikbereichen bekannt. Moderne Eingabegeräte von Computer-Grafik- und Simulationssystemen erlauben die beliebige Manipulation von Bild und Objekten wie z.B. das Verschieben, Drehen und Zoomen. Alle Funktionen können mit einer Hand und mit ein- und demselben Eingabegerät durchgeführt werden. Unterschiede liegen in der Zahl der Freiheitsgrade, die gleichzeitig betätigt werden können. Das bekannteste Eingabegerät ist die "Mouse" (Bild 5.1b). Mit ihr können relative Bewegungen in der Ebene vorgegeben werden.

Die Sensorkugel eignet sich auch als Eingabegerät (Bild 5.1a). Mit ihr können 6 Freiheitsgrade (3 Rotations- und 3 Translations-Freiheitsgerade) gleichzeitig gesteuert werden. Sie wird für Computergrafik-Simulationsprogramme /75/ und Roboter-Simulationssysteme wie KISMET /31/ oder SMS /69/ angeboten (s. auch Kap 6.2).

Auch der Datenhandschuh "Data Glove" wird für die Computer-Interaktion verwendet (Bild 5.1d). Mit ihm kann die Beweglichkeit der menschlichen Hand erfaßt werden. In dem Handschuh sind Glasfasern eingebettet, die jede Fingerkrümmung und Handneigung dadurch registrieren, daß Licht an den Knickstellen verloren geht. In Verbindung mit einem Beschleunigungssensor, der auf dem Handrücken angebracht wird, werden Positionsänderungen im Raum gemessen.

Für die NASA wurde ein 6-achsiger Steuerknüppel zur Steuerung eines Hubschraubers entwickelt (Bild 5.1e). Der Bediengriff erlaubt Verdrehungen von ±12° und hat eine vertikale Verstellbarkeit von 3cm. Die horizontalen Verschiebefreiheitsgrade wurden für die Prototypanwendungen verriegelt. Alle Achsen sind federzentriert.

Vom MIT ist ein Einhand-Bedienteil für Geschwindigkeitssteuerung bekannt geworden (Bild 5.1c). Sechs Bewegungen sind durch Ausüben von drei Kräften und drei Momenten ausführbar. Eine Greifzange kann mit einem Schalter betätigt werden.

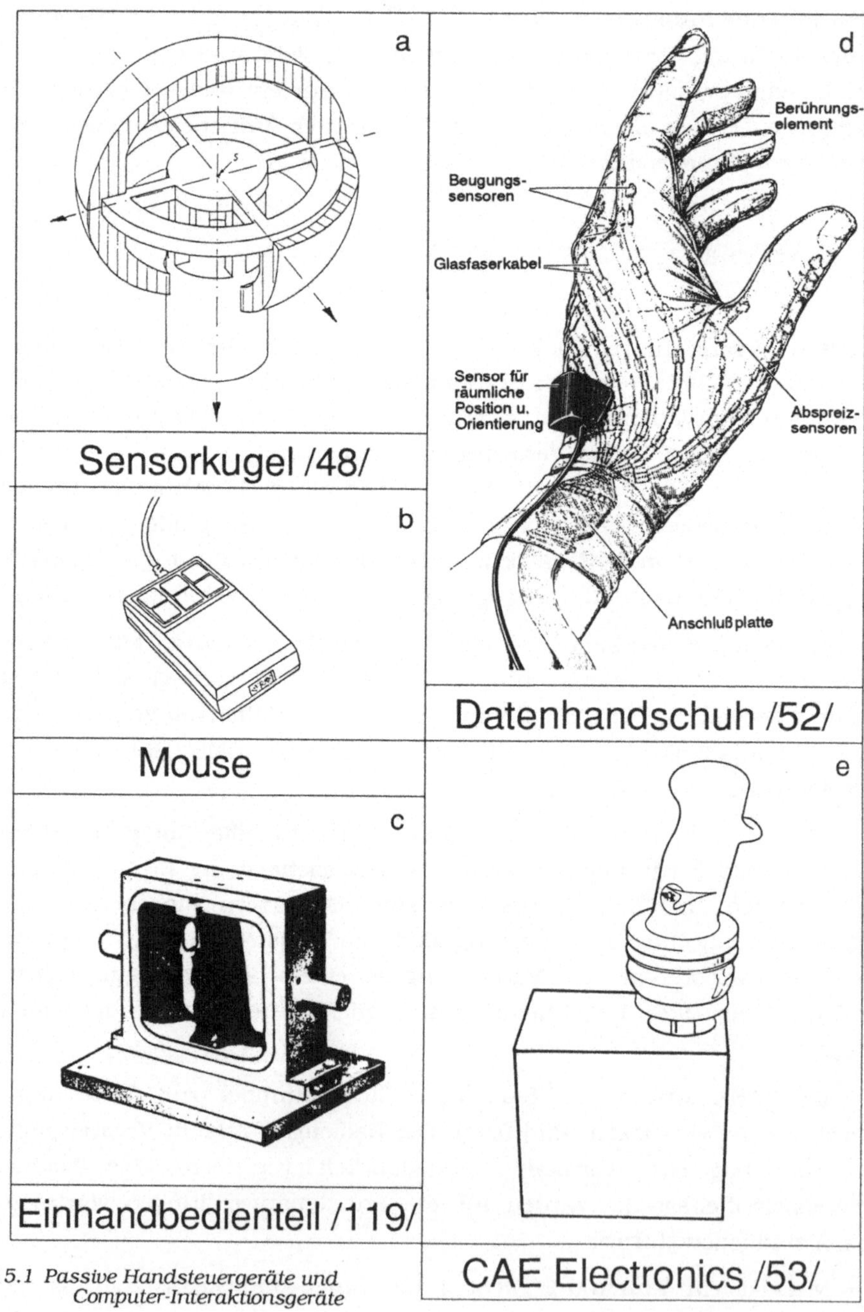

Bild 5.1 Passive Handsteuergeräte und Computer-Interaktionsgeräte

5.2 Geräte mit Kraftreflexion

Für die Kraftreflexion sind Antriebe und für deren Ansteuerung entsprechende Leistungsservos erforderlich. Mehrachsige kraftreflektierende Handsteuergeräte werden, so wie sie aus der Literatur bekannt sind, kurz vorgestellt (Bild 5.2).

Ein am Jet Propulsion Laboratorium (JPL) entwickeltes Handsteuergerät besitzt 6 Freiheitsgrade mit Kraftrückkopplung (Bild 5.2a). Es hat eine Baulänge von 1 m, ist portabel und kann auch in Überkopflage montiert werden. Seine wichtigsten Konstruktionsziele waren leichte Bewegbarkeit und isotrope Kraft-, Reibungs- und Trägheitseigenschaften. Es besitzt indirekte elektrische Antriebe, einen mechanischen Gewichtsausgleich sowie einen Kraftübertragungsmechanismus aus Drahtseilen. Eingesetzt wird das Handsteuergerät zum Führen eines Roboters mit 6 Freiheitsgraden. Ein Minicomputer (μ-VAX) führt die mathematischen Transformationen für die Positions- und Kraftregelkreise mit einer Taktrate von 100 Hz durch.

Der 6-achsige, kraftreflektierende Joystick der Universität Texas (Bild 5.2b) wurde aus einem Handsteuergerät ohne Kraftreflexion entwickelt. Sein T-förmiger Handgriff wird von 9 Stahlseilen und 3 passiven Linearantrieben getragen. Die Seile sind mit elektrisch angetriebenen Trommeln verbunden, von denen je drei in einem Dreieck angeordnet sind, die sich wiederum auf 3 Montageflächen senkrecht gegenüberstehen. Durch Messen der Längen der 9 Seile kann jederzeit die Position und Orientierung des T-Stückes bestimmt werden. Eine mechanische Besonderheit stellen die passiven Linearantriebe dar. Über einen mechanischen Federmechanismus erfährt die Translationsachse eine konstante Antriebskraft in Achsrichtung unabhängig von ihrer momentanen Position. Kraftrückkopplung wird durch Steuern der Seilspannungen über die angetriebenen Seiltrommeln erreicht. Die Resultierende aus den Kraftvektoren der Seilzüge und des Linearantriebes ist ein Kraft- und Momentenvektor in jeder gewünschten Richtung bezogen auf das Zentrum des T-Griffes.

Ein dreiachsiger Joystick für die Lernprogrammierung einer 3-Achs-Fräsmaschine wurde am Werkzeugtechnischen Labor in Aachen (WZL) realisiert (Bild 5.2c). Sein Handgriff ist schwenkbar um ein Kardangelenk und höhenverstellbar. Federbelastete Gleitbuchsen halten den Handgriff in einer Mittenstellung. Induktive Wegmeßsysteme messen die Auslenkungen aus der Nullage, worauf ein proportionaler Geschwindigkeits-Sollwert für die 3 Achsen der Werkzeugmaschine erzeugt wird. Kraftreflexion wird mittels doppeltwirkender Pneumatikzylinder erzeugt, die wiederum von elektropneumatischen Proportionalventilen mit Druckluft beaufschlagt werden.

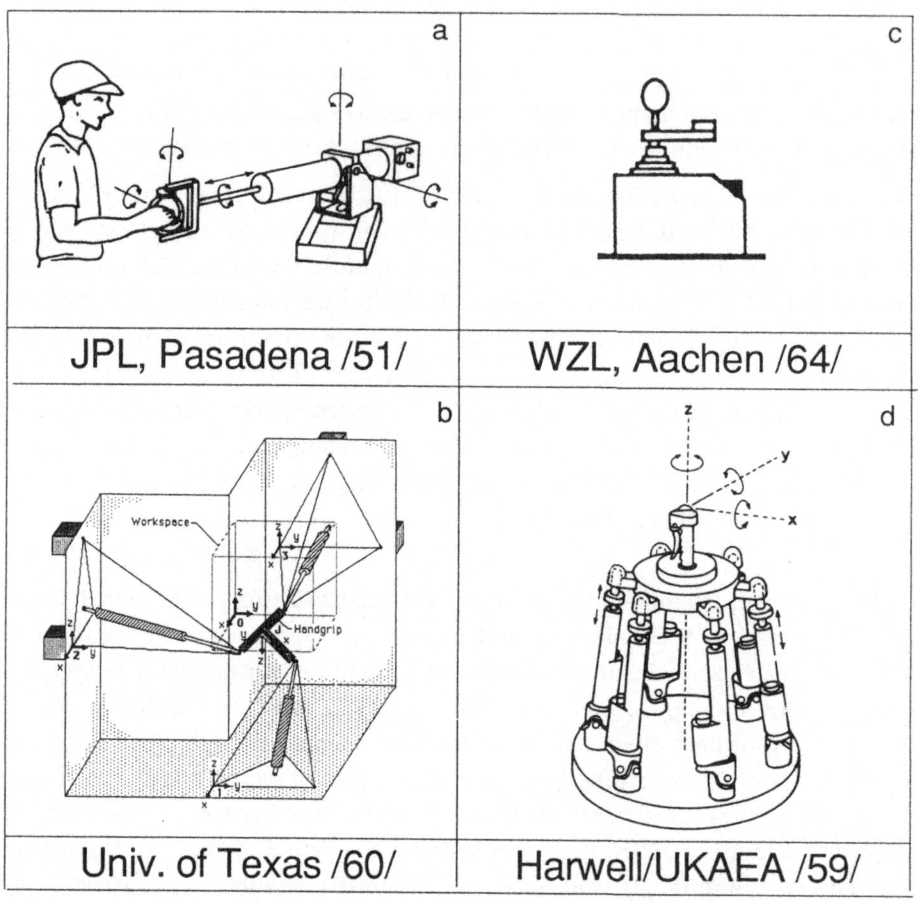

Bild 5.2 Kraftreflektierende, mehrachsige Handsteuergeräte aus internationalen Forschungslabors

Das Harwell-Forschungslabor des UKAEA's hat eine Parallelkinematik als Bewegungsmechanismus für sein neues Handsteuergerät gewählt (Bild 5.2d). Eine Stewart-Plattform wird von 6 parallelen aktiven Translationsachsen getragen. Jede Achse besteht aus Potentiometer, Linearantrieb und Kraftmeßelement. Mit bekannter Länge der einzelnen Linearachsen kann die Position und Orientierung der Plattform bzw. des darauf montierten Handgriffes berechnet werden. Für die Aufbringung der Kraftreflexion müssen die Antriebskräfte der einzelnen Linearmotoren berechnet werden, um einen entsprechenden Kraftvektor im Handgriff zu erzeugen. In Tabelle 5.1 sind die Charakteristiken der hier beschriebenen kraftreflektierenden Handsteuergeräte gegenübergestellt.

Am Harwell-Institut wird für einen Hydraulik-Manipulator ein elektrischer, kraftreflektierender Master entwickeln /61/. Master und Slave sollen geometrisch ähnlich sein. Der Master soll ein etwas abgeändertes Handgelenk bekommen und über DC-Motoren angetrieben werden. Es werden verschiedene bilaterale Regelschemata für Positions- und Handachsen verwendet. Für die 3 Hauptachsen wurde eine Positions-zu-Positions- und für die Handachsen eine Kraft-zu-Positions-Regelung gewählt (s. auch Kap 6.4.1).

Ein industriell erwerbliches System aus hydraulischem Arbeitsmanipulator und kraftreflektierenden, elektrischem Masterarm bieten die amerikanischen Firmen Kraft Telerobotics /62/ und Schilling /63/ an. Bei dem System der Fa. Kraft sorgt eine bilaterale Positionsregelung für die Kraftreflexion und verleiht dem Hydraulikmanipulator die notwendige Nachgiebigkeit. Steuerung und Leistungselektronik sind klein und passen zusammen in ein 19" Einschubgehäuse. Das System der Firma Schilling besitzt eine besonders hochauflösende Kraftreflexion. Dynamikbereiche von 1:3000 sollen erreichbar sein, was bedeuten würde, daß der Master eine Kraft von 0,2N bei einer Traglast des Slaves von 50kg auflösen könnte. Diese hohe Kraftauflösung wird durch eine bilaterale Kraft-zu-Positions-Regelung ermöglicht, die die Achsbelastungen direkt mit Dehnmeßstreifen mißt, so daß keine Lager- und Abkapselungsreibungen die Krafterfassung verfälschen. Positions- und Kraftmeßtechnik von Master und Slave sind exakt gleich aufgebaut, um ein echt symmetrisches Regelkonzept zu haben.

Entwickler Kriterium	JPL/ Pasadena, USA	Uni. of Florida	Harwell Lab/ UKAEA	WZL/ Aachen
Freiheitsgrade mit Kraftreflexion	6	6	6	3
Motorprinzip und Kraftübertragung	DC-Motoren Seilzüge	9 Seiltrommelant. 3 pass.Linearant.	6 DC-Linear-antriebe	3 doppeltwirk. Pneumatikzyl.
mechanische Gelenkstruktur u. Achstypen	seriell aus Rotations- und Translationsachsen	parallel, Translations-achsen	parallel, Kugelgelenke	schwenkbar um Kardangelenk
max. Kraftrück-kopplung	40 N 3 Nm	unbekannt	unbekannt	unbekannt
Sensorik	6 Drehpotis	9 Drehpotis	Potis und Kraftaufnehmer	induktive Wegaufnehmer
Arbeitsraum Form Größe	Würfel 27 dm^3	Würfel 64 dm^3	Kugelausschnitt ca. 1 dm^3	Kugelausschnitt < 1 dm^3
Orientierungs-raum	+-90 grad	+-90 grad	+-40grad	keiner
Baugröße Baugewicht	Länge 1m	70x80x40inch > 20kg	Durchmeser 25cm x Höhe 30cm	ca 20x10x10cm
Konstruktionsziele	- isotropes Bewegungs-verhalten - Minimierung von Reibung u.Spiel	- geringe Trägheit - genaue Kraft-wiedergabe - statisch feste Antriebe	- kleines und kompaktes Gerät - steife Servoant. - leichte Beweg-barkeit	- robuster Aufbau
Servotechnik	DC-Steuer-elektronik	DC-Steuer-elektronik	DC-Steuer-elektronik	elektropneum. Proportionalventile
Steuerrechner und Taktrate	DEC uVax 100Hz	Dec uVax oder IBM-PC, 30Hz	IBM-PC-AT	IBM-PC-AT > 100Hz
Slavesteuerung und ihre Schnittst.	eigene	eigene	VAL II, Alter und Supervisory Port	MPST u. RCM 2, anal. u. seriel.Ports
Steuerprinzip	verallgemeinerte bilaterale Positionsregelung	verallgemeinerte bilaterale Positionsregelung	Positions-, Geschwindigkeits-u. Kraftsteuerung	Geschwindigkeits-Steuerung, Mittenzentrierung
Zielkinematik	PUMA - IR	6-achsiger Manipulator	Industrieroboter	3-Achs-Fräsmaschine
Entwicklungsstand	Prototyp für Laboreinsatz	Industriekoopera-tion existiert	In Entwicklung	Prototyp für Laboreinsatz

Tabelle 5.1 *Gegenüberstellung mehrachsiger, kraftreflektierender Handsteuergeräte*

6. Untersuchungen zum universellen MSB

Die folgenden Abschnitte behandeln die für den universellen MSB relevanten Entwicklungsaspekte wie das Vorhandensein von Unterschieden in Kinematik und Dynamik, die Frage der Rechnerhardware und -kommunikation sowie die Auswahl des günstigsten Steuerprinzips.

6.1 Kinematik und Arbeitsraum

Ein universelles Handsteuergerät unterscheidet sich vom Zielroboter in Kinematik und Dynamik. Kinematische Unterschiede ergeben sich aufgrund verschiedenartiger Gelenkkonfigurationen und -abmessungen und resultieren somit in unterschiedliche Arbeitsraumformen und -größen. In Tabelle 6.1 werden die wichtigsten kinematischen Beschreibungsgrößen der für die Fernhantierung relevanten Robotertypen zusammengefaßt.

kinematische Strukturen	kartesische Geräte in Brücken-, Portal- oder Ständerbauweise, horizontale und vertikale Knickarmgeräte
Arbeitsraumformen	Kugel-, Zylinder- und Würfelformen sowie Variationen aus diesen Grundformen
Arbeitsvolumen	$0,5 \dots 40m^3$
Wiederholgenauigkeiten	$+-0,05 \dots +-0,5mm$
Montagelagen	Boden-, Wand- oder Überkopflage
Handkinematiken	Euler-, Winkel- oder Doppelschräggelenkhand

Tabelle 6.1 Kinematische Beschreibungsgrößen gängiger IR

Bei seriellen 6-achsigen Kinematiken können die Bewegungsachsen in Anlehnung an die VDI-Richtlinie 2861 untergliedert werden in Haupt- und Nebenachsen. Die Hauptachsen sind die ersten drei Bewegungsachsen, sie bestimmen im wesentlichen den Positionierungsraum des Manipulators, d.h. den Ort aller Punkte, den die Roboterhand erreichen kann. Betrachtet man die gängigsten Gelenkkonfigurationen für diese Hauptachsen, so ergeben sich als Positionierungsraum die Grundformen Zylinder, Halbkugel und Quader. Die Nebenachsen werden von den letzten drei Bewegungsachsen gebildet. Sie sind im wesentlichen für den Orientierungsraum des Endeffektors verantwortlich. Gängige Handkinematiken sind die Euler- bzw. Zentralhand, die Winkelhand sowie die Doppelschräggelenkhand (s. Bild 6.1).

Die von ihnen einnehmbaren Orientierungen spannen ein Kugelsegment auf, dessen Mittelpunkt im Falle der Eulerhand im Schnittpunkt der Handachsen liegt. Er weist für den gesamten Positionierungsraum dieselbe Form auf, da man sich ihn als mitbewegten Raum, angeheftet an den Endpunkt der letzten Positionierachse, vorstellen muß. Auffallend bei Roboterhandkinematiken sind die großen Drehbereiche der letzten Achse. Drehbereiche von 450 grad und mehr sind vorzufinden.

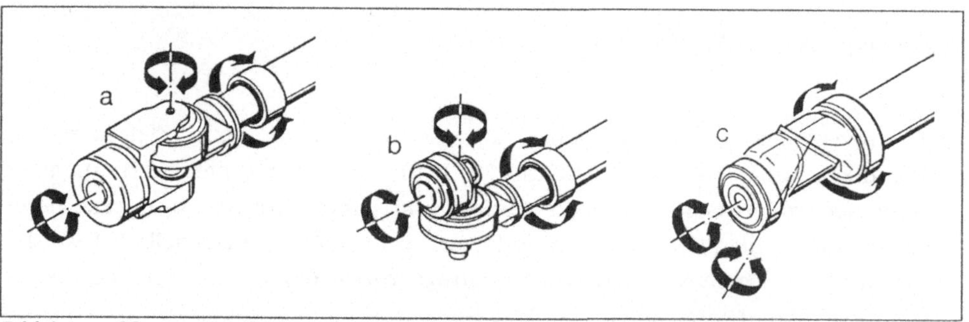

Bild 6.1   *Gängige Handkinematiken wie die Eulerhand(a), die Winkelhand(b) und die Doppelschräggelenkhand(c)*

Die oben beschiebene übliche Klassifizierung in Positionierungs- und Orientierungsraum hat den Nachteil, daß im voraus nicht mit Sicherheit entschieden werden kann, ob der Endeffektor einen bestimmten Zielpunkt mit vorgegebener Orientierung anfahren kann oder nicht. Dies kann ohne mathematische Unterstützung nur abgeschätzt werden. Erschwerend kommen variable Werkzeugabmessungen hinzu. Der Arbeitspunkt eines Werkzeuges sei als "Tool Center Point" (TCP) bezeichnet. Seine Abstände zum Mittelpunkt des Werkzeugflansches haben einen sehr großen Einfluß auf die Größe des Positionierungs- und Orientierungsraumes. Bild 6.2 demonstriert diesen Einfluß am Beispiel eines Knickarmroboters. Für unterschiedliche Werkzeuglängen wurde der Positionierungsraum des TCP's aufgezeichnet. Der Einfluß der Werkzeugabmessungen äußert sich nicht nur in einer Streckung bzw. Stauchung des ursprünglichen Raumes, sondern es können, wie es Bild 6.2 auch zeigt, gewaltige Einkerbungen im Zentrum entstehen.

Die Beweglichkeit um eine fest vorgegebene Position bei einer bestimmten Orientierung des TCP's läßt eine bessere Beurteilung einer Kinematik zu. Es wurde ein pragmatischer Weg gewählt durch mehrfache Anwendung der Rückwärtstransformation der entsprechenden Kinematik. Dieses Vorgehen verlangt eine mathematische Beschreibungsform für die absolute Position und Orientierung eines Körpers im Roboterarbeitsraum, wofür das Framekonzept und die homogene Transformation verwendet werden (s. Anhang A1).

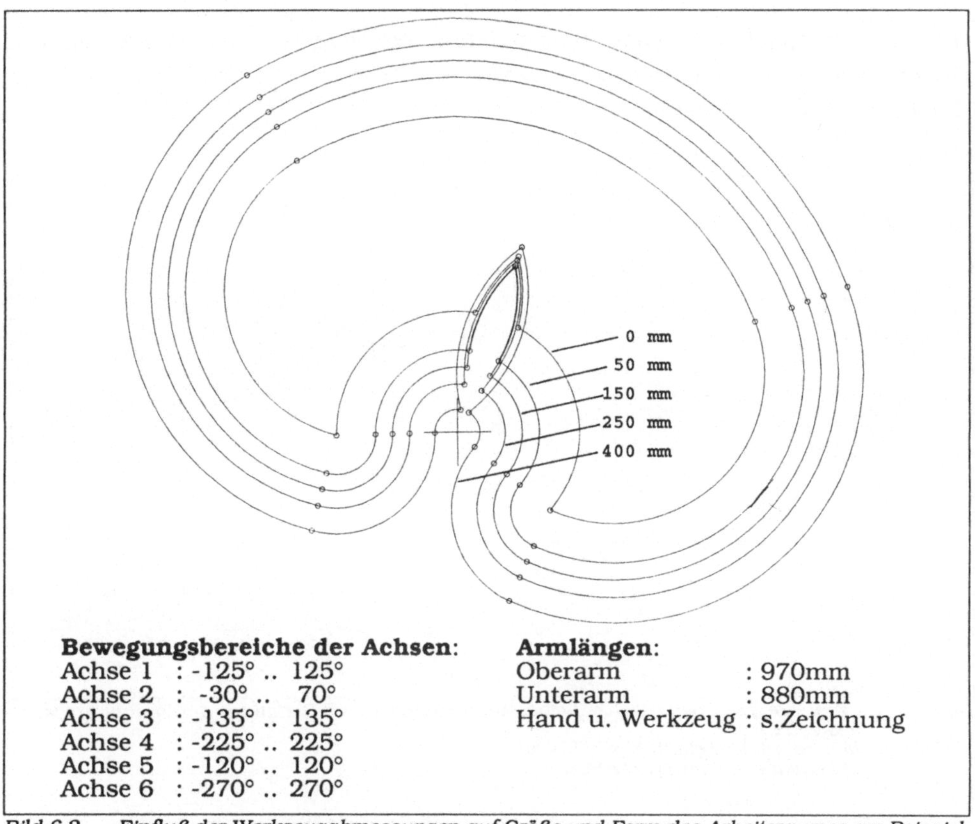

Bewegungsbereiche der Achsen:

Achse 1	: -125° .. 125°
Achse 2	: -30° .. 70°
Achse 3	: -135° .. 135°
Achse 4	: -225° .. 225°
Achse 5	: -120° .. 120°
Achse 6	: -270° .. 270°

Armlängen:

Oberarm	: 970mm
Unterarm	: 880mm
Hand u. Werkzeug	: s.Zeichnung

Bild 6.2   Einfluß der Werkzeugabmessungen auf Größe und Form des Arbeitsraumes am Beispiel des KUKA-Knickarmroboters 160/45.

Eine Ausgangsstellung des Endeffektors für die Ermittlung der zugehörigen Beweglichkeit kann als Frame des TCP's beschrieben werden. Die Rückwärtstransformation solch eines Frames liefert die zugehörigen Achsstellungen des Manipulators. Das Ausgangsframe wird so gewählt, daß die Rückwärtstransformation eine Lösung liefert. Ausgehend von diesem Frame wird der TCP schrittweise in die Richtung der Hauptachsen des Roboterbasis-Koordinatensystems solange vor- und zurückverfahren, bis die Rückwärtstransformation keine Lösung mehr liefert. Ergebnis sind unterschiedlich lange Verfahrstrecken in den jeweiligen Achsrichtungen. Diese Strecken können mit der längsten Strecke normiert werden und grafisch im kartesischen Raum um die gewählte Ausgangsposition herum aufgezeichnet werden. Die Strecken spannen einen Körper auf, der noch verfeinert werden kann, indem auch die Verfahrstrecken auf Geraden mit Zwischenwinkellagen ermittelt werden. Wird dieser Körper auch für andere ausgezeichnete Punkte im Arbeitsraum ermittelt, so erhält der Bediener einen besseren Gesamteindruck von der Beweglichkeit seines Manipulators bei vorgegebenem Werkzeug und Orientierung. In Bild 6.3 wird solch ein Körper ebenfalls für den o.g. Knickarmroboter dargestellt.

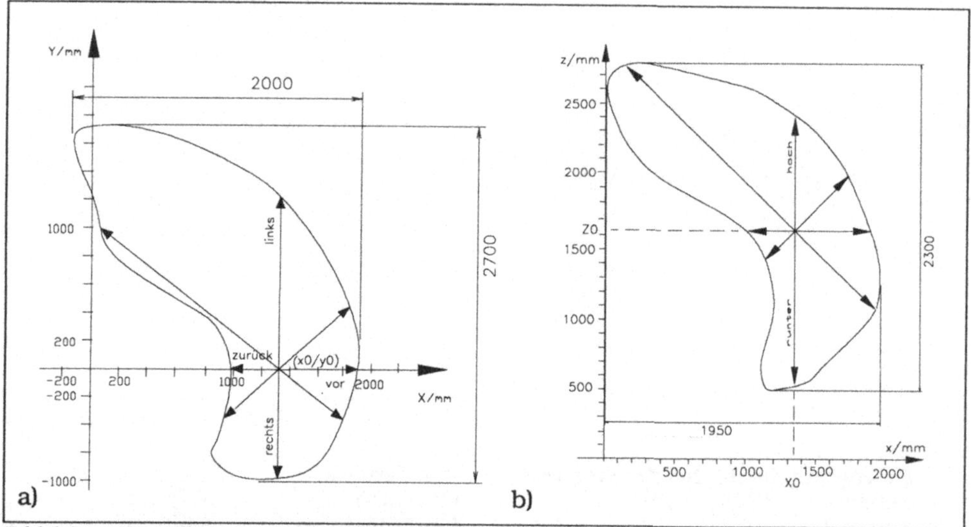

Bild 6.3   *Darstellung der Beweglichkeit eines Manipulators durch Ermittlung der Verfahrstrecken seines TCP's.*
a) horizontaler Schnitt in x/y-Ebene
b) vertikaler Schnitt in x/z-Ebene

Eine weitere Möglichkeit zur Verdeutlichung der Manipulator-Beweglichkeit ist die scheibenweise Zerlegung seines Arbeitsraumes und das anschließende Abtasten der Scheibenberandung nach dem Kriterium, ob eine Lösung für die Rückwärtstransformation existiert oder nicht. Die dabei ermittelten Randpunkte spannen mit denen der benachbarten Scheibenelemente Polygonflächen auf, die wiederum über alle Segmente hinweg den Arbeitsraum für den gewählte TCP und seiner Orientierung ergeben. Mit Hilfe eines Grafikprogrammes zur Verarbeitung von Polygonflächen wie z.B. MOVIE /73/ kann der komplette Arbeitsraum als Polygonmodell mit Ausblendung der verdeckten Kanten erzeugt werden. Bild 6.4 zeigt solch eine Arbeitsraumdarstellung am Beispiel des Schräggelenk-manipulators NOELL SGR 750. Die dabei zugrunde liegende Rückwärtstrans-formation ist im Anhang A6.3 beschrieben.

Für verschiedene Endeffektor-Orientierungen und TCP-Lagen können nach der oben beschriebenen Methode die tatsächlichen Arbeitsräume generiert werden. Ihre Gegenüberstellung zeigt auch die Vorzugsorientierung des Endeffektors, bei der die Kinematik ihre größte Beweglichkeit besitzt. Die Arbeitsraum-untersuchungen zeigen auch, daß der tatsächliche Arbeitsraum eines Roboters stark abweichen kann von demjenigen, der nur durch die Betrachtung der Positionierachsen gebildet wird.

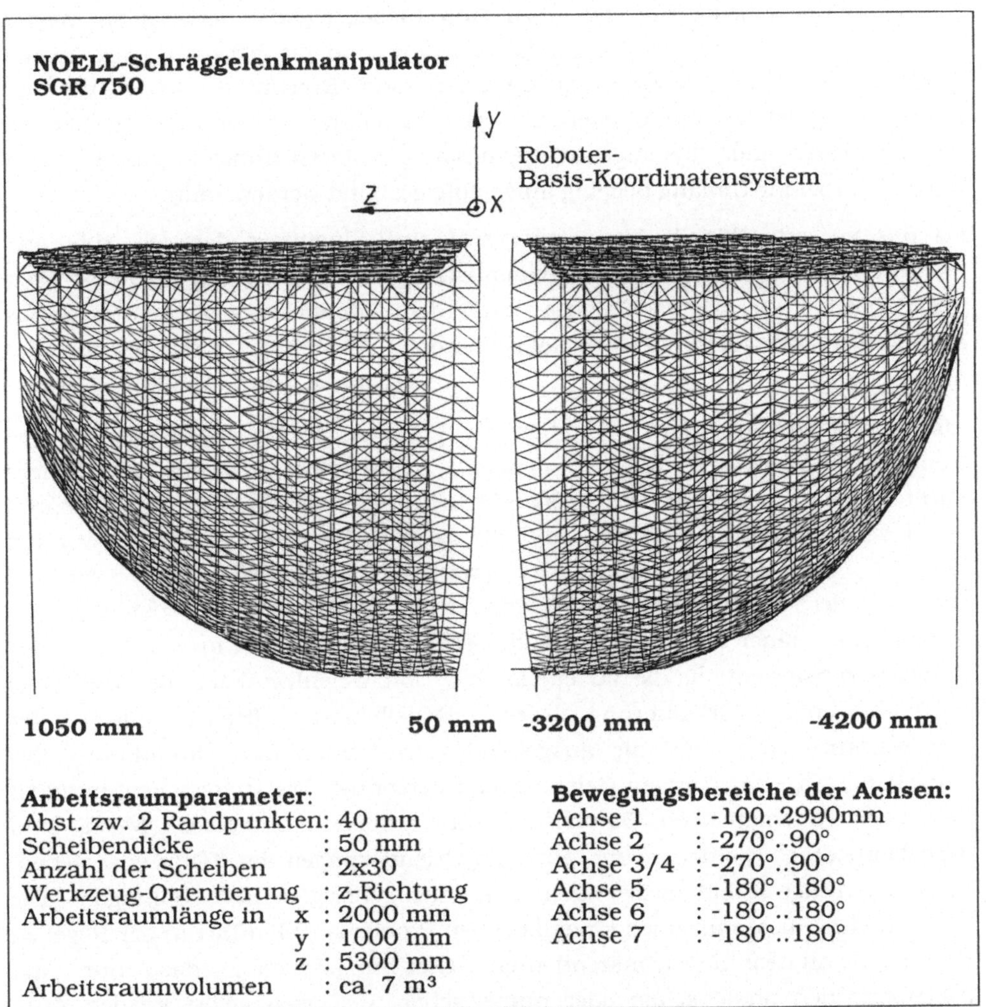

Bild 6.4   *Polygonmodell eines Arbeitsraumes bei vorgegebener Orientierung und Lage des TCP's, erstellt mit MOVIE.*

6.2 Kinematische Simulationen

Die Simulation eines MSB's mit einem universellen Handsteuergerät als Master ist von Interesse, um die Funktionstüchtigkeit und die Effizienz eines neuen Gerätes vor seiner Realisierung bewerten und Ergebnisse schon bei der Konzipierung wieder mit einfließen lassen zu können. Grundsätzlich können kinematische und dynamische Simulationsuntersuchungen durchgeführt werden, wobei ihr Umfang beliebig aufwendig gestaltet werden kann.

Da das zu entwicklende Handsteuergerät eine Kinematik darstellt, d.h. aus mehreren Bewegungsachsen aufzubauen ist, ergibt sich als erstes die Frage nach der Größe seines Arbeitsbereiches, nach den Orientierungsfähigkeiten seines Handgriffes sowie nach etwaigen Kollisionszonen der Achsen untereinander oder mit der Basis.

Eine Abschätzung der Positionier- und Orientierungsbereiche des Handsteuergerätes sollte vor dem Konstruktionsprozeß stattfinden. Voraussetzung hierfür ist eine geeignete Beschreibungsform für die Kinematik, wofür sich homogene Matrizen und die Denavit-Hardenberg (DH)-Konvention anbietet /68/. Die Platzierung der Zwischen-Koordinatensysteme und das Erstellen der Teiltransformationen von einem Gelenk zum nächsten ist im Anhang A6.1 näher beschrieben. Grundsätzlich unterscheidet man zwischen der Vorwärtstransformation, die zu einem Satz von Gelenkwinkeln die zugehörige Position und Orientierung des Endeffektors liefert, und der Rückwärtstransformation, die ausgehend von Position und Orientierung des Endeffektors die zugehörigen Gelenkwinkel berechnet. Die letztere Rechnung ist bei einer kinematischen Simulation von größerem Interesse. Meist sind aufgabenbedingt Positionen und absolute Orientierungen des TCP's vorgegeben, und die Frage stellt sich nach den dazugehörigen Achsstellungen. Die Formulierung dieses inversen kinematischen Problems (IKP) führt in der Regel zu einem nichtlinearen, transzendenten Gleichungssystem, das nur mit systematischen analytischen oder numerischen Methoden gelöst werden kann /72,74/. Der Aufwand zur Durchführung dieser Rückwärtstransformation ist abhängig von der kinematischen Gelenkkonfiguration. Bei einer 6-achsigen Kinematik ergibt sich eine explizite Lösung für die Achsstellungen nur, wenn als Handkinematik eine Zentralhand vorliegt. Hinzukommt, daß im Bereich von singulären Achsstellungen, wo zwei oder mehrere Bewegungsachsen zum Fluchten kommen, die Lösungsfindung aus mathematischen Gründen erschwert wird, da dort die Determinate der Jacobimatrix zu Null wird. Im Anhang A6.3

wird die Rückwärtstransformation für den NOELL Schräggelenkroboter SRG 750 nach einer systematisch analytischen Methode hergeleitet.

Mit dem Vorhandensein von singulären Stellungen ergegen sich auch doppeldeutige Lösungen. Bei n Singularitäten ergeben sich 2^n mögliche Roboterstellungen, die zur gleichen Position und Orientierung des Endeffektors führen. In der Praxis wird diese Lösungsvielfalt durch Hinzuziehen von Konfigurationsregeln und Einschränkung der Achsverfahrbereiche reduziert.

Für kinematische Simulationen bieten sich Roboter-Simulationssysteme an, wie sie in den unterschiedlichsten Soft- und Hardwareausführungen auf dem Markt angeboten werden. Die Systeme ROBCAD der Fa.Tecnomatix /66/ oder SMS der Fa. Siemens /69/ besitzen für unterschiedliche Robotertypen das passende Transformationsmodul und gestatten die grafische Darstellung jeder TCP-Bewegung. Das Kinematikmodell kann entweder mit den im Simulationssystem implementierten CAD-Funktionen erstellt oder über genormte Schnittstellen wie z.B. CAD*I /71/ von einem 3D-CAD-System übertragen werden.

Die kinematische Simulation des kompletten MS-Betriebs wäre der nächste Schritt, bringt aber wenig Erkenntnisse über die Effizienz des realen MS-Betriebs. Die Simulation würde hohe Ungenauigkeiten und Unsicherheiten beinhalten, da das tatsächliche Verhalten der Slave-Steuerung nur sehr schwer nachzubilden ist. Das System ROBCAD erlaubt in gewissem Maße die Nachbildung des Steuerungsverhaltens. In einem dafür vorgesehenen File können Konfigurationsregeln und Sonderbehandlungen für kritische Stellungen definiert werden.

Eine Variante des simulierten MSB's ist der Betrieb eines Roboter-Simulationssystems mit einer Sensorkugel. Da die Sensorkugel ein 6-achsiges Eingabegerät darstellt und Geschwindigkeitssignale erzeugt, kann sie als externer Master fungieren. ROBCAD unterstützt den Anschluß einer Sensorkugel nicht. Dennoch ist dieser Versuch unternommen worden unter Zuhilfenahme der regulären V24-Schnittstelle der IRIS-Workstation. Sie gestattet die serielle Übertragung eines 6-komponentigen Verfahrbefehls, der von einem Benutzerprogramm eingelesen werden muß. Die Übergabe des Verfahrbefehls an ROBCAD geschah mit einem unter UNIX zur Verfügung stehenden Pipe-Mechanismus. Parallel dazu muß in ROBCAD ein TDL (Task Description Language) -Programm ablaufen, das die sechs Geschwindigkeitskomponenten von der Pipe übernimmt und sie als Positions- und Orientierungsänderungen dem internen Bahnplanungsmodul übergibt. Die mit einer ISRA-Sensorkugel /49/ realisierte Simulation erwies sich als funktionstüchtig. Es traten jedoch Verzögerungszeiten von 2 bis 3 ms auf.

Die Anbindung einer Sensorkugel an ein Roboter-Simulationssystem setzt eine Anwenderschnittstelle voraus, bzw. die Möglichkeit, die Simulationssoftware mit der eigenen Kugelsoftware kompilieren zu können. Letzteres wurde mit dem Simulationssystem KISMET /31/ erfolgreich erprobt.

Robotersteuerung und Simulationssystem reagieren beim Annähern und Durchfahren von singulären Achsstellungen unterschiedlich. Es erhöhen sich die Drehgeschwindigkeiten der Handachsen bis zu einem Grenzwert, bei dem Stillstand eintritt. Das Umfahren einer Singularität funktioniert nur außerhalb eines kritischen Kegels, der einen Öffnungswinkel von einigen Grad hat. Desweiteren können je nach Steuersoftware unerwartet Umorientierungen der Handachsen eintreten, die zu einer Geschwindigkeitsreduzierung und Bahnabweichung des TCP führen können.

Die kinematische Simulation hat ergeben, daß die in Abschnitt 6.1 hergeleiteten Arbeitsräume nicht immer kontinuierlich durchfahren werden können. Wird z.B. versucht, quer durch den Arbeitsraum auf einer Geraden zu verfahren, so treten abhängig von Endeffektorabmessung und zulässigen Achsverfahrbereichen Blockierung der Bahnfahrt ein, obwohl in jedem Bahnpunkt eine Lösung für die Rückwärtstransformation existiert. Der Grund dafür ist, daß eine Bewegungsachse ihre Grenzschalter erreicht hat, und eine Weiterfahrt nur möglich ist nach einer Umorientierung entsprechender Achsen. Dieses Umorientieren muß der Bediener durch Verfahren des Roboters im PTP-Betrieb (Punkt-zu-Punkt-Verfahren mit Achsinterpolation) veranlassen.

Die Kollisionsbereiche der Achsen des Handsteuergerätes untereinander oder mit der Basis sind bei der Konstruktion zu überprüfen, da hierbei alle Geometriedetails zur Verfügung stehen. Das verwendete CAD-System PROREN /67/ ermöglicht alle zu einer Bewegungsachse gehörenden Bauelementen zu einer Baugruppen zusammenzufassen. Die Baugruppen lassen sich mit einem Befehl geschlossen auf dem Bildschirm verschieben und drehen. Bei der Kollisionsprüfung der Bewegungsachsen wird dieses verwendet.

6.3 Aspekte zum Master-Slave (MS)-Steuerungssystem
6.3.1 Die ideale MS-Steuerungskonfiguration

Die Entwicklung eines universellen Handsteuergerätes ist in Verbindung mit dem zum Einsatz kommenden Steuerungssystem zu sehen. Das Handsteuergerät ist ein Roboter, da es mit Sensorik und Antrieben ausgestattet ist. Baugruppen für die Leistungs- und Sensorelektronik sowie ein Steuerrechner werden benötigt. Weg-, Geschwindigkeits- und Kraftsignale sind in übertragungssichere Signalformen zu wandeln und die Stellsignale für die Achsen sind in Leistungsströme für die Antriebe umzusetzen. Bild 6.5 veranschaulicht die Anordnung dieser Module. Der geringste Hardwareaufwand ist mit einem Steuerrechner gegeben, der die Steuer- und Regelalgorithmen beider Kinematiken durchführt. Da dieser MS-Steuerrechner gleichzeitig auch die Mensch-Maschine-Schnittstelle bereitstellen muß, ist er im Zugänglichkeitsbereich seines Bedieners aufzustellen.

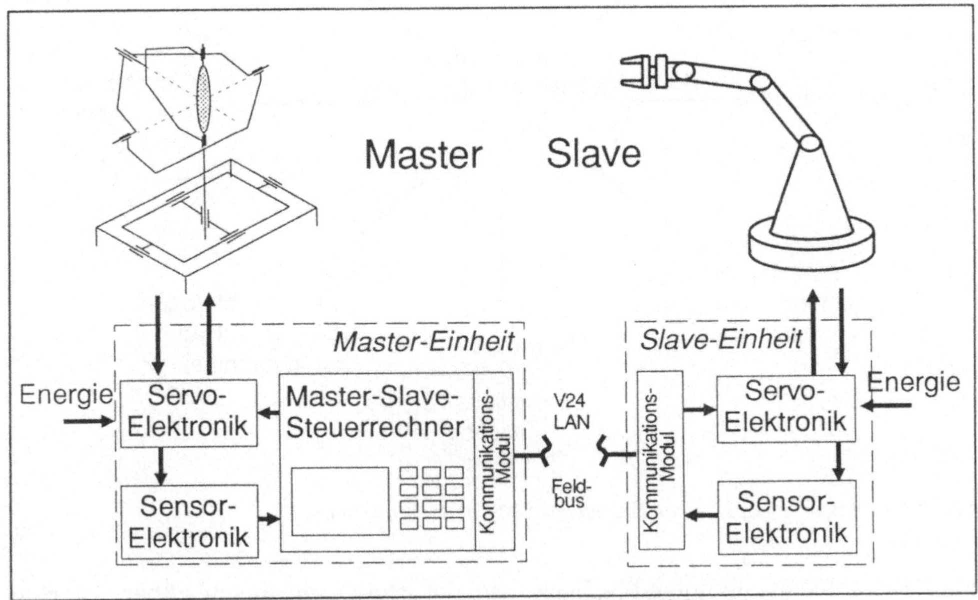

Bild 6.5   Verteilung der Steuerungsmodule für eine einheitliche MS-Steuerung

Für die Signalübertragung zwischen den Master- und Slave-Leistungsmodulen sind entsprechend der Entfernung geeignete Kommunikationsverbindungen bereitzustellen. Diese können z.B. ein Feldbus nach IEC TC65C WG6 oder ein lokales Netzwerk (LAN) nach dem Ethernet-Standard IEEE 802.3 sein.

Die Anforderungen an den gemeinsamen MS-Steuerrechner sind besonders hoch, wenn ein MSB mit unterschiedlichen Kinematiken betrieben werden soll. Zwei Bewegungsmechaniken müssen gleichzeitig gesteuert und überwacht werden, wobei unterschiedliche Steuer- und Regelalgorithmen sowie Betriebsarten für Master und Slave verfügbar sein müssen. Bild 6.6 faßt die wesentlichsten Eigenschaften zusammen, die solch ein Steuerungssystem erfüllen muß. Die Playback-Programmierbarkeit wird zur Erstellung von Automatikprogrammen benötigt, um den Mischbetrieb zu realisieren, muß zwischen Hand- und Automatikbetrieb gewechselt werden können.

Bild 6.6 Wichtige Aufgaben eines einheitlichen MS-Steuerungssystems

Sind verschiedene Roboter als Slaves an die Steuerung anschließbar, ist eine flexible Positionserfassung (inkremental, absolut) und beeinflußbare Steuer- und Regelalgorithmen verlangt. Je nach Achskonfiguration des Slaves müssen entsprechende Transformationsmodule bereitstehen. Sämtliche Sensorsignale von Positions-, Geschwindigkeits- und Kraftaufnehmern müssen programmtechnisch verarbeitbar sein, und die Ableitung von Stellwerten für die Masterantriebe muß unter Einbeziehung dieser Sensorsignale formuliert werden können. Nicht jede Betriebsart verlangt die gleichzeitige Steuerung beider Kinematiken. Im Automatikbetrieb ist das Mastergerät stillgesetzt, im MSB dagegen müssen Vorgaben für beide Geräte erzeugt werden. Ein universeller MS-Steuerungsrechner muß somit frei konfigurierbar und programmierbar sein. Im folgenden soll geprüft werden, inwieweit industrielle Robotersteuerungen diese Anforderungen erfüllen.

6.3.2 Industrieroboter-Steuerung als MS-Steuerung

Roboter sind i.a. nur mit einer bestimmten Steuerung verkauft. Nur wenige lassen sich an andere Steuerungen anschließen. KUKA-Industrieroboter z.B. können sowohl mit der Siemens-Steuerung RCM3 /77/ als auch mit der AEG-Steuerung R500 /84/ betrieben werden. Universellere Steuerungen sind die rho2 der Firma BOSCH /85/, das modulare System Pronumerik der Firma Schleicher /78/ sowie die KAREL-Steuerung von GMF /86/. Diese industriellen Steuerungen wurden auf ihre Eignung als MS-Steuerung hin untersucht.

Die Bedienerführung ist hierbei von besonderer Bedeutung. Robotersteuerungen sind von ihrer Philosophie her für den Automatikbetrieb ausgelegt und besitzen nur eingeschränkte Fähigkeiten für die reine Bedienerführung, wie sie in Kap.4 erläutert werden. Schnittstellen für den Anschluß eines externen Handsteuergerätes sind die Ausnahme. In Tabelle 6.2 werden die oben genannten Steuerungen gegenübergestellt hinsichtlich ihrer für den Handbetrieb relevanten Eigenschaften.

Wichtige Beurteilungskriterien sind die physikalische Beschaffenheit ihrer Schnittstellen, ihre Wirkungsweise auf die Bewegungsführung des Endeffektors sowie ihre programmtechnische Verarbeitbarkeit. Absolute Positionsvorgabe über eine Schnittstelle ist aus sicherheitstechnischen Gesichtspunkten für den Handbetrieb nicht erlaubt und daher nicht vorgesehen. Dagegen sind die freie Geschwindigkeitsführung und Korrekturbewegungen in Abhängigkeit von Sensorsignalen relativ zu einer Automatikbahn meist durchführbar. Letztere wirken in einigen Fällen nur in ausgewählten Richtungen.

Taktzeiten von durchschnittlich 40 ms sind für einen effizienten MSB sehr langsam. Die KAREL- und BOSCH-Steuerung schneiden bei der Gegenüberstellung am besten ab. Ihre umfangreiche Pascal-ähnliche Programmiersprache erlaubt sehr gut die Formulierung von Sensorsignalverarbeitungen und Steueralgorithmen. Die neue Generation der

BOSCH-Steuerung rho2 zeichnet sich durch die Fähigkeit der hybriden Programmierung aus, die die Playback-Programmierung mit anschließender Datenreduktion, die Teach-In-Programmierung und die herkömmliche textuelle Programmierung mit einer höheren Robotersprache umfaßt.

Hersteller/Typ Kriterien	AEG/ R500 V2	Siemens/ Sirotec RCM 2	BOSCH/ RC rho2	Schleicher/ Pronumerik	GMF/ KAREL
Playback-Programmierung	○	○	●	○	●
genügend analoge, digitale, serielle I/O's	◐	●	●	●	●
flexible Positionserfassung	◐	●	◐	◐	●
Transformations-modul austauschbar	◐	●	●	●	●
Schnittstelle zu Robot- und CAD-System	○	●	●	◐	●
Bedienerführung in kart. Koordinaten	●	●	●	○	●
Multitasking- und Realzeit-BS	◐	●	●	●	●
Systemtakt [ms]	30-40	40	< 30	> 20	> 20
Reaktionszeit der Sensorschnittstelle [ms]	> 100	70 .. 220	< 100	< 100	< 100
Zahl der Zusatzachsen	2	6	2	10	3
Sensorsignalverarbei-tung programmierbar	○	●	●	●	●
extern über DNC bedienbar	●	●	●	◐	●
prinzipielle Eignung als MS-Steuerung	○	◐	●	◐	●

○ schlecht   ◐ bedingt möglich   ● gut

Tabelle 6.2 Beurteilung verschiedener Robotersteuerungen auf ihre Eignung als MS-Steuerung

6.3.3 Kompromiß-Lösung

Als einheitliche MS-Steuerung kommen nur eine KAREL- oder BOSCH-Steuerung in Frage. Eine Modifikation bzw. Funktionserweiterung der anderen Steuerungen ist wegen fehlender Unterstützung der Steuerungshersteller nicht möglich. Bild 6.7 zeigt die Rechnerkonfiguration, bei der für den Master ein eigener Steuerrechner und für den Slave eine industrielle Robotersteuerung eingesetzt wird. Die industrielle Robotersteuerung wird für den Mischbetrieb notwendigen Automatikbetrieb und für die Bahnplanungsalgorithmen des Slaves eingesetzt. Die Mastersteuerung übernimmt alle Berechnungs- und Steuerfunktionen, die die Robotersteuerung nicht leisten kann.

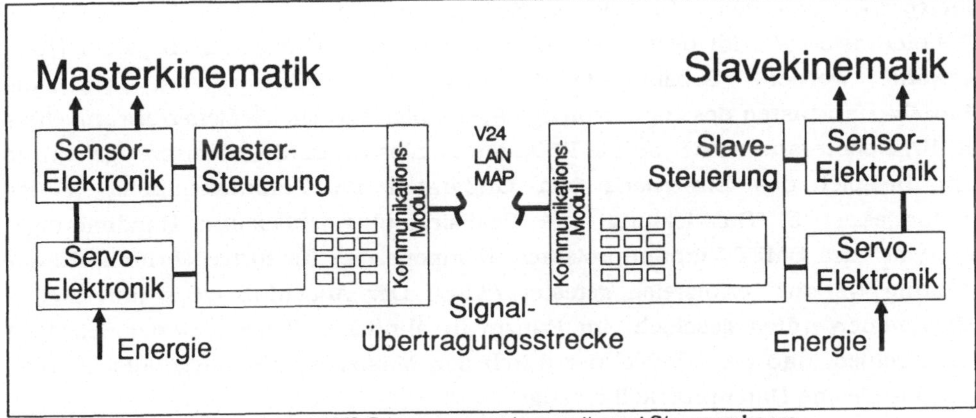

Bild 6.7 Kompromißlösung eines MS-Steuerungssystems mit zwei Steuerrechnern

Für einen effizienten MSB müssen eine schnelle Kommunikationsverbindung zwischen beiden Rechnersystemen und einheitliche Schnittstellen zur Verfügung stehen. Als physikalisches Übertragungsmedium sind je nach Entfernung und Umgebungsbedingung z.B. ein Feldbus, ein lokales Netzwerk nach dem Ethernet-Standard oder eine Breitband-Verbindung nach dem MAP-Standard denkbar /83/. Über genormte Protokolle wie z.B. dem ISO/OSI-Schichtenmodell lassen sich Positions- und Kraftsignale austauschen. Die universelle Robotersteuerung PRONUMERIK besitzt als Option ein Ethernet- oder MAP-Kommunikationsmodul. Einfachere Schnittstellen wie die RS232 (V24) sind dagegen bei fast allen Robotersteuerungen serienmäßig vorhanden und können i.a. auch als DNC- oder Sensorschnittstelle genutzt werden. Zugehörige Kommunikationsprotokolle und -inhalte sind dagegen steuerungsspezifisch und werden am Beispiel zweier ausgewählter Steuerungen kurz erläutert.

Die AEG R500 stellt 2 serielle asynchrone V24-Schnittstellen zur Verfügung, eine DNC- und eine sogenannte Sensorkugel(SK)-Schnittstelle /80/. Die DNC-Schnittstelle ist für die Kopplung an einen übergeordneten Leitrechner oder einen offline-Programmierplatz vorgesehen, während die SK-Schnittstelle speziell zum Anschluß einer Sensorkugel ausgelegt ist. Die Datenübertragungen sind an Anlehnung an die DIN-Empfehlung DIN66019 realisiert. Die DNC-Schnittstelle erlaubt unter anderem das externe Starten eines Automatikprogramms, das Auslesen von Koordinaten und die Übertragung eines ausführlichen Fehlerprotokolls. Die Übertragung von Stellsignalen für die manuelle Bedienerführung ist in keinem Datenprotokoll vorgesehen. Zu diesem Zweck muß auf die SK-Schnittstelle zugegriffen werden, die nur als Option erhältlich ist. Über sie können 6 Zahlenwerte als Telegramm zyklisch an die Robotersteuerung übertragen werden, die dort als Weg- und Winkeländerung pro Steuerungstakt interpretiert werden. Als Bezugs-Koordinatensystem kann das raumfeste Roboterbasis- (World) oder das mitbewegte Werkzeug-Koordinatensystem (Tool) gewählt werden. Sobald die SK-Schnittstelle aktiviert ist, sind die Einzelverfahrtasten des Handbediengerätes stillgelegt. Die Bedienerführung eines KUKA-Roboters mit einer an die R500 angeschlossenen ISRA-Sensorkugel wurde am Beispiel des Einlernens von Gußgraten im Funktionsmuster 3 des Teilprojektes 5 "Entwicklung und Realisierung hochflexibler Handhabungssysteme" des BMFT-Verbundprojektes "Komponenten für fortgeschrittene Handhabungssysteme" erfolgreich getestet /114/. Der Anschluß eines universellen Handsteuergerätes geschieht im Prinzip in ähnlicher Weise mit dem einzigen Unterschied, daß der SK-Rechner durch den Masterrechner ausgetauscht wird, der das gleiche Datenprotokoll erzeugt.

```
Hauptprogramm 1:
Def HP1
    PTP X-52.8    Y+821.7   Z+1267.8
        A-87.409 B-0.006   C+178.225
    LIN X-52.9    Y+821.6   Z+1219.0
        A-87.408 B-0.000   C+178.223
    GES OV 0                    !Override auf Null setzen
    SAS EIN 1                   !6 analoge Eingangsspeicher aktivieren
    SAS EIN 2
    SAS EIN 3
    SAS EIN 4
    SAS EIN 5
    SAS EIN 6
    UNT EIN B1 LH SPG ADH1  !Unterbrechungsfunktion aktivieren
    SF EIN 1                    !Sensorfunktion ein
    LIN X-52.9    Y+865.6   Z+1219.0    !virtueller Zielpunkt
        A-87.408 B-0.000   C+178.223

    DEF AD1                     !Adresse 1 für Unterbrechungsfunktion
        SF AUS 1                !Sensorfunktion aus
        GES OV 50               !Override wieder hochsetzen
        LIN ...                 !normales Fortsetzen des Roboterprogrammes
        ...
    END HP1

Sensorfunktion 1:
DEF SF1
    KMP B1 WI +0.9000                   !Eingangsspeicher auf Grenzwert
    ESP3 WII -99999.9999                überwachen
    BKA NI   +0.000 BI   +0.000 ESP3 !modifizierter BKA-Befehl
        NII  +0.000 BII  +0.000 ESP1 !für Bahnkorrektur
END SF1 HP1
```

Bild 6.8 Bsp.-Programm für den bedienergeführten Betrieb der RCM über ihre 6 Analogeingänge

Die Verhältnisse bei der RCM2-Steuerung der Fa. Siemens liegen ähnlich. Eine einheitliche Schnittstelle zur Übertragung der geforderten Datentelegramme steht auch hier nicht zur Verfügung. Es muß auf die DNC-Schnittstelle und auf 6 analoge Eingänge zurückgegriffen werden /81,82/. Die Verarbeitung der Analogsignale und ihre Interpretation als Geschwindigkeits-Stellbefehle kann nur bei laufendem Bewegungsprogramm erfolgen. Damit die Stellbefehle das Bewegungsprogramm zu 100% übersteuern können, wird zum einen der Speed-Befehl des Automatikprogramms auf Null und zum anderen die Override-Anweisung für den Sensoreinfluß auf 100% gesetzt (s. Bsp.-Programm in Bild 6.8). Die Verarbeitungsschritte der Sensorsignale werden in einem Unterprogramm formuliert. Die eigentliche Bahnkorrektur erfolgt hierin mit dem modifizierten BKA-Befehl der Sensorfunktion (= analoge Bahnkorrektur). Um die Analogschnittstelle und die Sensorfunktion nutzen zu können, sind sechs Maschinenkonstanten abzuändern (s.Tabelle 6.3). Die Verstärkungsfaktoren für Orientierungsänderung und Translation sind getrennt einzustellen.

Als Bezugs-Koordinatensystem (KOS) für die externen Stellbefehle steht nur das Werkzeug-KOS zur Verfügung. Wird das Basis-KOS gewünscht, ist eine Koordinaten-Transformation von einem externen Rechner durchzuführen. Als Option bietet die Firma ISRA in Verbindung mit der von ihr vertriebenen Sensorkugel den Einbau eines seriellen Schnittstellenbausteines in die RCM-Steuerung an, so daß Übertragungsraten bis zu 38400 Baud erreicht werden /49/.

Nr.	Bezeichnung	Bedeutung
1	QMOSH+15	Option für BKA-Befehl
2	QMOSH+12	6 A/D-Eingänge
3	QMSAN	Anzahl der Sensorbaugruppen
4	QMSOF	Verstärkungsfaktor der Orientierungsänderung
5	QMSKW	Verstärkungsfaktor für die Translationen
6	QMLZSF	max. Laufzeit für die Sensorfunktion

Tabelle 6.3 Für die Sensorfunktion der RCM relevante Maschinenkonstanten

6.4 Das Steuerprinzip des universellen MSB

Bei der Entwicklung eines neuartigen Handsteuergerätes kann die Frage neu gestellt werden, wie solch ein Gerät physikalisch bedient werden soll und welche Wirkung dieses auf die Zielsteuerung haben soll. Bild 6.9 zeigt Betätigungsarten und deren Interpretation in einer Robotersteuerung. Zunächst ist zwischen kraft- und wegbetätigten Steuerknüppeln zu unterscheiden. Die kraftbetätigten sind starr; die auf sie ausgeübten Kräfte erzeugen proportionale Stellsignale. Die wegbetätigten Steuerknüppel können dagegen mit vernachlässigbarer Kraft bewegt werden und erzeugen proportional ihrer Auslenkung ein Stellsignal. Eine Kombination aus beiden Arten ist der weg- und kraftbetätigte Steuerknüppel. Zu seiner Auslenkung ist eine bestimmte Kraft zu überwinden. Nach Loslassen kehrt er in seine Ruhelage zurück.

Die aufgezählten Betätigungsarten können von der Zielsteuerung unterschiedlich interpretiert werden (Bild 6.9). Positions- und Kraftvorgabe ist bei der bilateralen Positionsregelung mit MS-Servomanipulatoren gegeben, Geschwindigkeitsvorgabe ist bei der Bedienerführung von Industrierobotern und Leistungsmanipulatoren üblich.

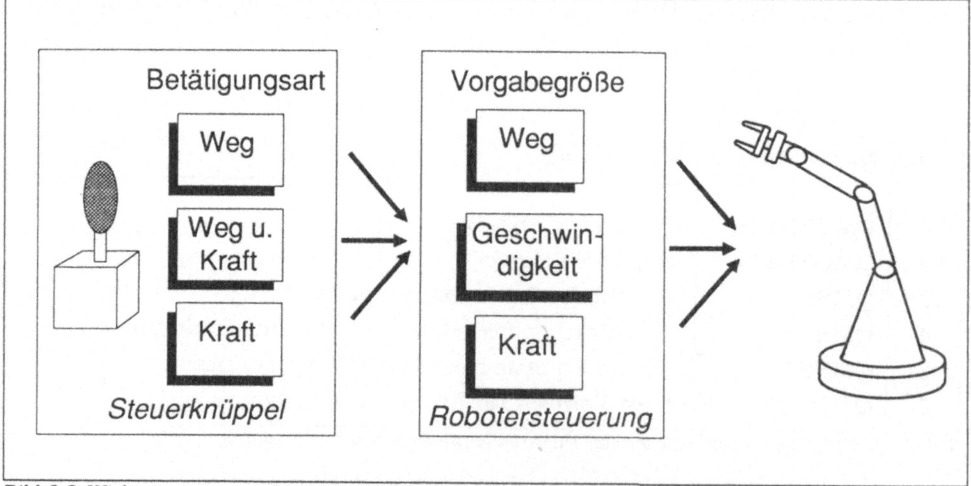

Bild 6.9 Wirkprinzipien von Steuerknüppeln und ihre Interpretation in Robotersteuerungen

6.4.1 Bilaterale Positionsregelung

Eine bilaterale Regelung leistet im wesentlichen zwei Aufgaben, zum einen die Positionsregelung des Slaves und zum anderen die Kraftrückkopplung auf den Masterarm. Bei einem bilateral geregelten Manipulatorsystem werden mindestens eine und maximal alle Bewegungsachsen bilateral geregelt. Unterschiedliche Typen von bilateralen Regelungen haben sich als nützlich erwiesen. Sie sind Varianten der zwei bekanntesten Verfahren, der Positions-zu-Positions- und der Positions-zu-Kraft-Regelung.

Eine wichtige Beschreibungsgröße für die Qualität eines bilateralen Regelungssystems ist sein Dynamikbereich. Dieser beschreibt das Verhältnis von minimal spürbarer Kraft am Endeffektor zu maximal spürbarer Kraft. Nach dem Stand der Technik sind Dynamikbereiche von 1:50 realisierbar: Bei einer Traglast des Slaves von 250N können maximal 5N äußere Kräfte am Endeffektor aufgelöst und auf den Masterarm rückgekoppelt werden. Eine Eigenschaft der bilateralen Positionsregelung ist das reversible Verhalten von Master und Slave, d.h. der Master läßt sich in gleicher Weise auch mit dem Slavearm steuern.

6.4.1.1 Positions-zu-Positionsregelung

Die Positions-zu-Positions-Regelung ist die klassische und einfachste Methode zur Steuerung von elektrischen MS-Servomanipulatoren (s. auch Bild 3.2). Bei ihr werden gleiche Achsen von Master und Slave derart geregelt, daß immer die eine Achse der Position der anderen möglichst nahe kommt. Bei einer Positionsabweichung wird sowohl der Master- als auch der Slaveantrieb mit einem Ausgleichsmoment beaufschlagt, so daß die Positionsabweichung zu Null wird. Der Positionsfehler ist proportional der Kraftdifferenz, die die Motoren an ihren Ausgangswellen aufbringen müssen. Voraussetzung dafür ist allerdings, daß die Antriebs-Übertragungsmechanismen von Master und Slave ein hohes Maß an Leichtgängigkeit von der Antriebswelle zur Achsbewegung und umgekehrt aufweisen. Externe Kräfte am Slaveendeffektor müssen die Reibungskräfte und -momente in der Übertragungsstrecke überwinden, bevor die Positionsaufnehmer am zugehörigen Motor eine Winkeländerung erfahren. Der Betrag dieser Widerstandskräfte ist eine Qualitätsgröße für die Kraftrückkopplung. Äußere Kräfte, die unterhalb dieser Reibungsschwelle liegen, können vom Operateur des Masterarmes nicht wahrgenommen werden. Befinden sich beide Antriebe in einem dynamischen Zustand ohne externe Kräfte, wird ein Positionsfehler zwischen beiden Antrieben existieren, da auf diese unterschiedliche Kräfte wirken. Soll eine konstante Geschwindigkeit eingehalten werden, so muß vom Bediener eine konstante Kraft aufgebracht werden. Dieser erfährt dadurch den Eindruck eines viskosen Reibungsverhaltens.

Das Positions-zu-Positions-Steuerprinzip wird in Bild 6.10 am Beispiel eines Master-Slave-Achspaares mit unterschiedlichen Antriebsprinzipien gegenüber-gestellt. Um den Slavearm frei zu bewegen, wird der Differenzdruck seines Antriebszylinders auf den Servoventilverstärker zurückgekoppelt. Die Reibungs-kräfte des Kolbendichtringes müssen überwunden werden, bevor die Bewegung des Armes elektrisch unterstützt werden kann. Viskose Reibung während der Bewegung ist rechentechnisch zu kompensieren. Die Masterkräfte werden indirekt über seine Motorströme bzw. deren äquivalenten Spannungen gemessen, die von den Servoverstärkern bereitgestellt werden.

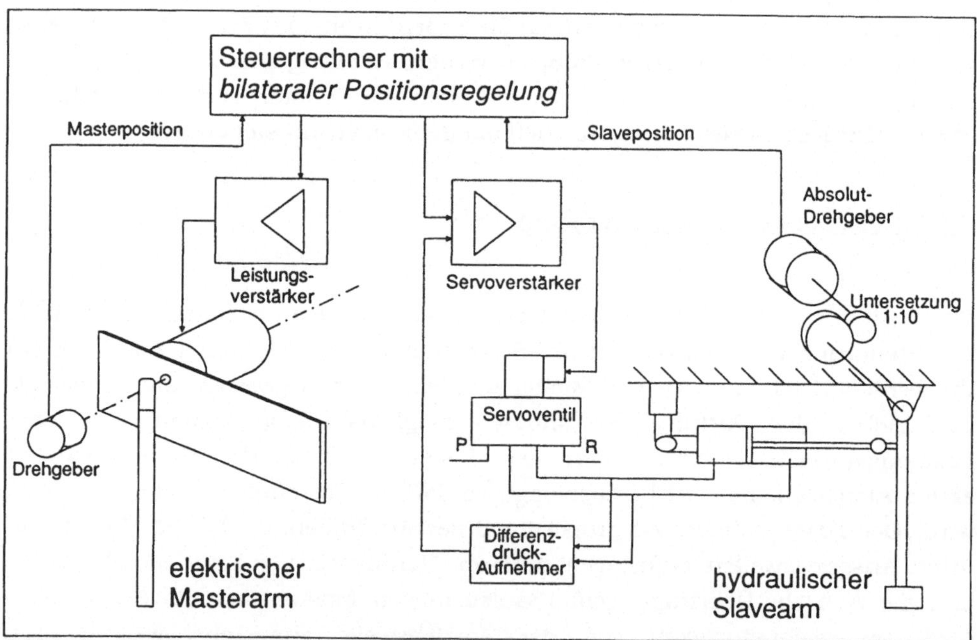

Bild 6.10 Positions-zu-Positions-Servosteuerungsprinzip am Bsp. eines Master-Slave-Achspaares mit unterschiedlichen Antriebsprinzipien

6.4.1.2 Positions-zu-Kraftregelung

Bei der Positions-zu-Kraft-Regelung entfällt die Forderung nach frei bewegbaren Gelenken bzw. nicht blockierenden Antriebssträngen. Äußere Kräfte und Momente werden direkt gemessen und in die Antriebsregelungen mit einbezogen /91/. Die Nachteile des viskosen Reibungsverhaltens sowie der Reibungsschwelle sind aufgehoben. Eine wesentlich bessere Kraftrückkopplungseigenschaften wird erreicht. Die gegenseitige Positionsregelung ist weiterhin Grundlage des Regelschemas, um sicherzustellen, daß Master- und Slaveachsen gleichlaufen. Master und Slave werden mit unterschiedlichen Strategien geregelt. Das äußert sich in unterschiedlichen Betriebseigenschaften, auch wenn beide Motoren vom gleichen Typ sind. Der kraftgesteuerte Antrieb eilt dem positionsgesteuerten voraus, weil der letztere sich erst bewegen kann, wenn der kraftgesteuerte sich bewegte. Das zumeist asymmetrische Regelkonzept führt zu Instabilitäten, wenn der kraftgesteuerte Antrieb in Kontakt mit einer harten Oberfläche kommt. Die Systemverstärkung muß auf ein akzeptables Niveau reduziert werden.

Bild 6.11 zeigt ein Kraft-zu-Positions-Servosteuerungsprinzip am Beispiel eines Master-Slave-Achspaares mit unterschiedlichen Antriebsprinzipien.

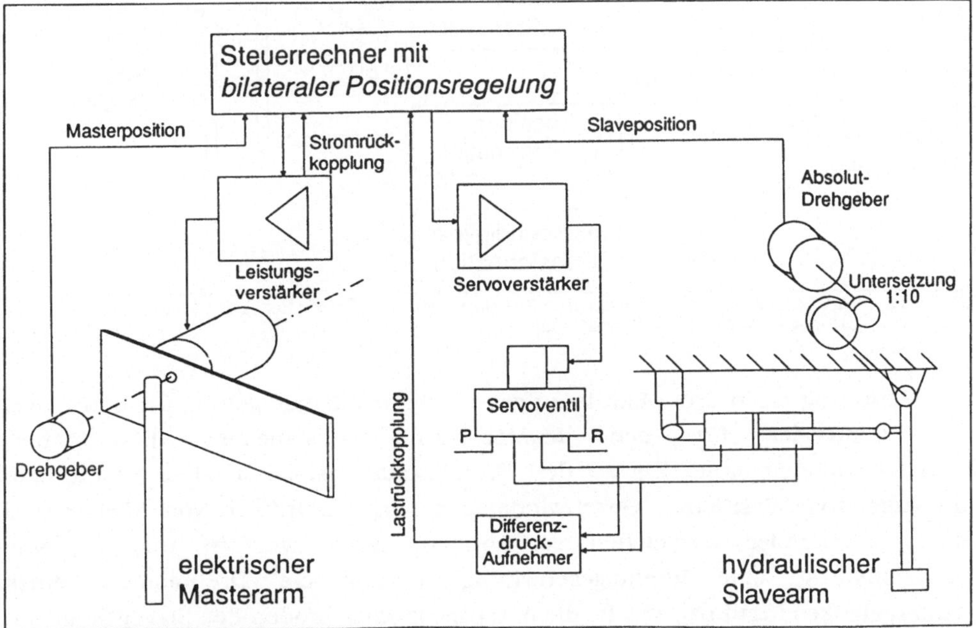

Bild 6.11   *Kraft-zu-Positions-Servosteuerungsprinzip am Bsp. eines Master-Slave-Achspaares mit unterschiedlichen Antriebsprinzipien*

Bild 6.11 unterscheidet sich von Bild 6.10 dadurch, daß auf Slaveseite der Differenzdruck über den Hydraulikzylinder und auf der Masterseite die Belastung des Masterarmes über die Stromaufnahme seines Antriebes in die Regelung einbezogen werden.

6.4.1.3 Verallgemeinerte Regelung

Die bilateralen Regelschemata lassen sich auch anwenden, wenn Master und Slave unterschiedliche Gelenkkonfiguration aufweisen. Man spricht von einer verallgemeinerten bilateralen Positionsregelung, deren Blockdiagramm Bild 6.12 zeigt.

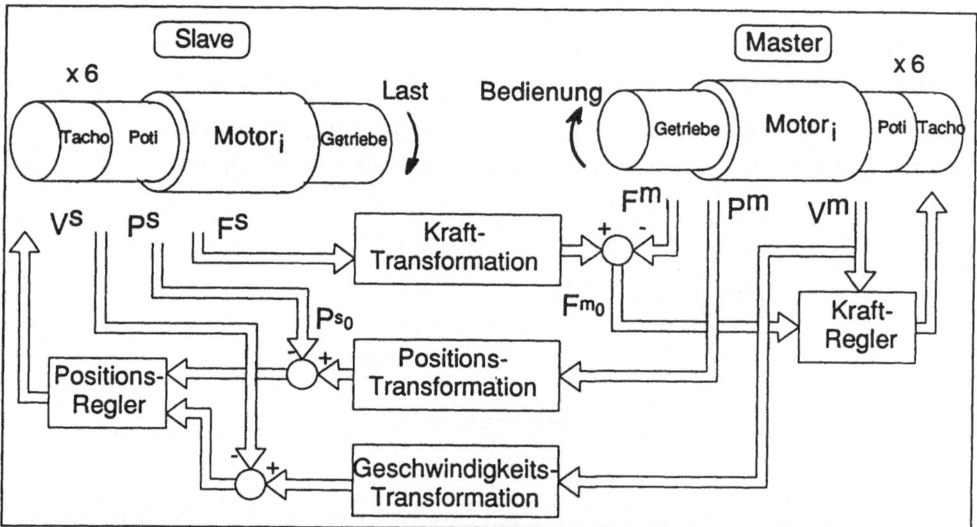

Bild 6.12 *Blockdiagramm einer bilateralen Positionsregelung für Master und Slave mit unterschiedlichen Konfigurationen*

Die Steuerung ist in drei Module aufgeteilt, die Positionsregelung für den Slave, der Kraftregler für den Master und verschiedene Koordinaten-Transformationsmodule. Bis zu drei Transformationsmodule sind erforderlich, um zugehörige Positions-, Geschwindigkeits- und Kraftdaten von Master und Slave miteinander vergleichen zu können. Seien α^m_i, v^m_i und f^m_i eine Winkelstellung, eine Winkelgeschwindigkeit und ein Drehmoment eines Mastergelenkes i und α^s_i, v^s_i, f^s_i die entsprechenden Größen des Slavegelenkes i. Positions-, Geschwindigkeits- und Kraftvektoren lassen sich damit im 6-dimensionalen Gelenkraum wie folgt definieren:

$$P^m = \left(\alpha^m_1, \ldots, \alpha^m_6\right)^T, \qquad P^s = \left(\alpha^s_1, \ldots, \alpha^s_6\right)^T,$$
$$V^m = \left(v^m_1, \ldots, v^m_6\right)^T, \qquad V^s = \left(v^s_1, \ldots, v^s_6\right)^T, \qquad (1)$$
$$F^m = \left(f^m_1, \ldots, f^m_6\right)^T, \qquad F^s = \left(f^s_1, \ldots, f^s_6\right)^T$$

Der kartesische Raum des Masters ist der Operationsraum C^m und der des Slaves der Arbeitsraum C^s. Die Regler müssen erreichen, daß zum einen Position und Orientierung des Slavemanipulators in C^s denen des Masters in C^m gleichkommen, und zum anderen daß die Kräfte und Momente des Masters in C^m gleich mit den Reaktionskräften und -momenten sind, die sich am Slaveendeffektor relativ zu C^s einstellen. x^m und x^s seien Lagevektoren (Position und Orientierung) in C^m und C^s, die sich aus entsprechenden homogenen Transformationen angewandt auf P^m und P^s ergeben zu

$$x^m = \Gamma^m (P^m) \ , \qquad x^s = \Gamma^s (P^s) \ . \qquad (2)$$

Mit dem Transformations-Operator Γ wird eine Vorwärtstransformation durchgeführt. Er ist abhängig von der vorliegenden Achskonfiguration. Das Ziel der Positionsregelung ist es, die Gleichheit von x^m und x^s zu erreichen. Die Positions-Koordinatentransformation von P^m zu P^s_0, dem Istwert des Masters transformiert auf den Gelenkraum des Slaves, ergibt sich aus

$$P^s_{0i} = \Lambda_i (P^m) \qquad \text{für } 1 \le i \le 6 \ , \qquad (3)$$

mit Λ_i als Operator für die Transformation. Er transformiert einen Positionsvektor aus dem Gelenkraum des Masters in den des Slaves. Er ist abhängig von den vorliegenden Konfigurationen von Master und Slave. Der Kraftregler sorgt dafür, daß die Momente der Mastergelenke die vom Slave vorgegebenen Sollwerte F^m_0 einhalten. Die zugehörige Kraft-Transformation von F^s zu F^m_0 erhält man mit der Jacobimatrix J des Operators Λ_i.

$$F^m_0 = J^T F^s \qquad (4)$$

$$\text{mit} \quad [J]_{ij} = \frac{\delta \Lambda_i}{\delta p^m_j} \quad , \ 1 \le i, j \le 6 \qquad (5)$$

Durch Einbeziehung des Gelenkgeschwindigkeits-Vektors V^m wird die Dynamik des Master-Slave-Betriebs verbessert. Der Vorgabewert für den Regler V^s_0 ergibt sich aus

$$V^s_0 = J V^m \qquad . \qquad (6)$$

Aus Gl.(4) und (6) wird die Orthogonalitäts-Eigenschaft von Kraft- und Geschwindigkeitstransformation deutlich.

Um die verallgemeinerte bilaterale Positionsregelung effektiver zu gestalten, empfiehlt sich die Transformation über ein gemeinsames Koordinatensystem, z.B. einem raumfesten kartesischen System (vgl. Bild 6.13).

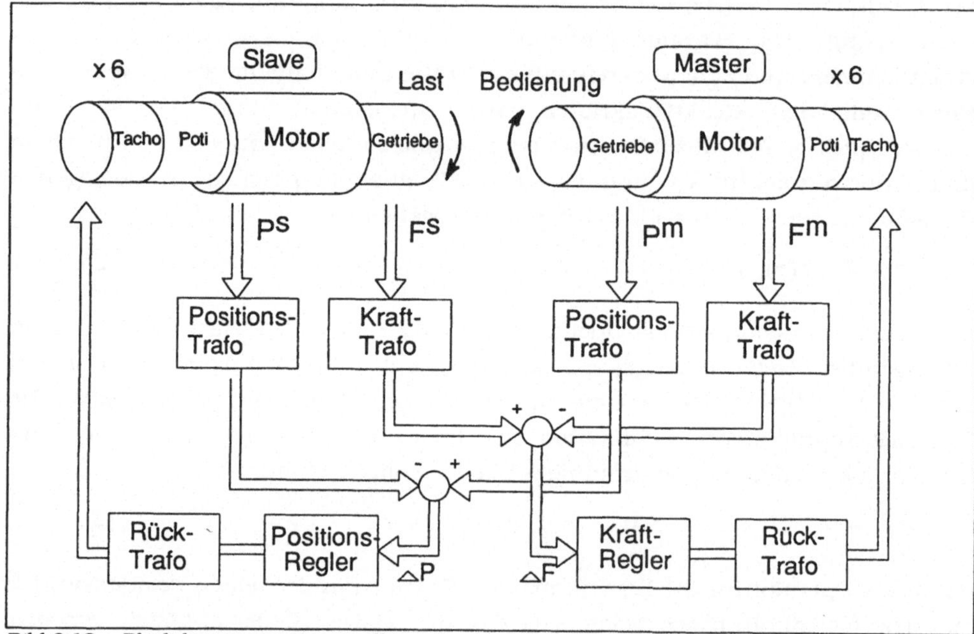

Bild 6.13 *Blockdiagramm einer verallgemeinerten bilateralen Positionsregelung mit indirekter Transformation über ein raumfestes kartesisches Koordinatensystem (TRAFO = Transformation)*

Die oben genannten Transformationen werden indirekt mit dem Vorteil ausgeführt, daß weniger Transformationsmodule entwickelt werden müssen (nicht mehr je ein Modul für jede Kombination, sondern nur noch ein Modul für jede Kinematik). Nachteilig ist der erhöhte Rechenaufwand. Zeitmessungen von Arai und Hashino /57/ haben anhand der Kombination von zweiachsigen Manipulatorarmen mit unterschiedlicher Gelenkkonfiguration aber ergeben, daß dieser Mehraufwand geringfügig ist.

6.4.2 Geschwindigkeitssteuerung

Die Geschwindigkeitssteuerung ist das älteste Steuerprinzip und wurde bei Leistungsmanipulatoren eingesetzt. Es sind konstant fahrbare Geschwindigkeiten über stufenweise bis zu kontinuierlich fahrbare Geschwindigkeiten realisiert. Die vorgegebene Geschwindigkeit bezieht sich im einfachsten Fall auf einzelne Bewegungsachsen. Bei komfortablen Steuerungen können Betrag und Richtung bezogen auf ein kartesisches Koordinatensystem vorgeben werden. Die Steuerung ermöglicht simultane Achsbewegungen, um den Endeffektor eines Manipulators in eine vorgegebene Richtung zu bewegen. Bei den Bediengeräten sind je ein Schalter pro Bewegung oder Kombinationshebel zur Steuerung mehererer Bewegungsachsen üblich.

Die Theorie dieses Steuerungsprinzips wurde 1969 von Whitney als "Resolved Motion Rate Control" beschrieben /90/. "Resolved Motion" bedeuted dabei, daß die Bewegungen mehrerer Antriebe kombiniert bzw. aufgelöst werden zu getrennt steuerbaren Endeffektorbewegungen entlang den Achsen eines kartesischen Weltkoordinatensystems. Dabei laufen alle Antriebe gleichzeitig mit unterschiedlichen und zeitabhängigen Geschwindigkeiten, um die gleichmäßige Bewegung des Endeffektors auf einer Geraden einzuhalten. Diese Art der Steuerung gestattet das Führen des Endeffektors auf beliebigen Raumkurven unter Beibehaltung einer Orientierung, das Handdrehen um einen feststehenden Tool-Center-Point (TCP) sowie das lineare Bewegen entlang den Achsen eines Handkoordinatensystems.

Mathematisch betrachtet erfordert die Herleitung der einzelnen Achsgeschwindigkeiten die Berechnung und Invertierung der Jacobimatrix. Sei P ein aus den Achsstellungen des Manipulators α_i gebildeter Vektor, dann ergibt sich die kartesische Position und Orientierung der Manipulatorhand x zu

$$x = [x, y, z, \alpha, \beta, \gamma]^T = \Gamma(P) \quad . \tag{7}$$

Gl. 7 differentiert ergibt

$$x_{,t} = J(P) \; P_{,t} \quad , \tag{8}$$

wobei der Index ,t für die Ableitung der Größe nach der Zeit steht und J(P) die Jacobimatrix der kinematischen Funktion Γ darstellt, die nach folgender Vorschrift gebildet wird:

$$[J]_{ij} = \frac{\partial \Gamma_i}{\partial \alpha_j} \qquad \begin{array}{l} 1 \leq i \leq n \\ 1 \leq j \leq m \end{array} \tag{9}$$

Die Dimension des kartesischen Positionsvektors sei n und die von P sei m. Falls die kartesische Geschwindigkeit $x_{,t}$ vorgegeben wird, muß Gl. 8 nach den zugehörigen Achsgeschwindigkeiten aufgelöst werden.

$$P_{,t} = J^{-1}(P) \ x_{,t} \tag{10}$$

Voraussetzung hierfür ist, daß ein nichtredundanter Manipulator vorliegt (n = m) und der Manipulator sich in keiner singulären Stellung befindet, damit die Jacobimatrix invertierbar ist.

6.4.3 Gegenüberstellung Positionsregelung zu Geschwindigkeitssteuerung

Tabelle 6.4 stellt die Vor- und Nachteile von Positionsregelung und Geschwindigkeitssteuerung gegenüber. Kriterien der Bewertung sind die Baugröße, der konstruktionstechnische Herstellungsaufwand und die Komplexität der Master-Slave-Steuerung.

Geschwindigkeits-Steuergeräte können platzsparend gebaut werden. Bei einer verallgemeinerten bilateralen MS-Steuerung führt ein Master als Replica zu einer wesentlich vereinfachten Steuertechnik. Bei einem Universalmaster kommen eine Reihe von Transformationen für die Positions- und Kraftsignale hinzu.

Die Positionier- und Orientierungs-Geschicklichkeit sowie die Güte des Bahnverfolgens werden mehr durch die Kinematik als vom Steuerungsprinzip beeinflußt.

Bei einem wegbetätigten Handsteuergerät sind aufgrund der gravierenden Größenunterschiede zwischen Master und Slave Arbeitsraumskalierungen unumgänglich. Um Grob- und Feinpositionierungen gleichgut bewerkstelligen zu können, müßte zwischen verschiedenen Skalierungsfaktoren umgeschaltet werden. Die Vorgabe des Weges über einen kraftgesteuerten oder kraft- und weggesteuerten Steuerknüppel bewirkt bei Loslassen des Handgriffes eine Rückkehr des Roboters in seine ursprüngliche Position.

Ein Vorteil der Geschwindigkeitssteuerung liegt darin, daß die leichte Bewegbarkeit des Master durch die Reibungs- und Trägheitskräfte des Slaves nicht beeinträchtigt wird. Der Regler ist einfacher. Die Regelung des Slaves ist Aufgabe der Slavesteuerung ohne Rückwirkungen auf den Master. Um Aufschluß über den Belastungszustand des Slaves zu bekommen, müssen am Slaveendeffektor über einen Kraft-Momentensensor die äußeren Kräfte und Momente gemessen und der Mastersteuerung zugeführt werden.

Steuerprinzip / Kriterium	Positions-regelung	Geschwindigkeits-steuerung
Bauvolumen	Roboterdimension	Joystick
Arbeitsraum	$> 0,5\ m^3$	$max\ 1\ dm^3$
Mobilität	nur über zusätzliche Achsen	Tragbares Gerät
Grob- und Fein-positionierung	nur über Skalierung und Indexing	geeignete Verstärker-Charakteristik
Ermüdungsgrad	hoch, ganzer Arm in Bewegung	niedrig, aufgestützter Unterarm
Kraftempfind-lichkeit	hoch in jeder Stellung	bei größeren Aus-lenkungen schlecht
Singularitäten beim univers. MSB	bei Master und Slave in unterschiedlichen Stellungen	nur beim Slave
Steuerungsauf-wand für univ. MSB	Geschwindigkeits- u. Arbeitsraumüberwach- und bei Master u. Slave	Geschwindigkeits- u. Arbeitsraumüberwach-ung nur bei Slave
IR-Steuerung als Slavesteu.	Zielposition in Bewe-gungsink. zerlegen	Geschwindigkeits-Schnittst. meist vorhanden
Bahnverfolgen (Gerade,Kreis) in belieb.Ebene	i.a. gut (abh. von Kinematik)	bei langsamen Geschw. gut (abh. von Kennlinie)
Kosten	hoch (Bremsen,Resolver)	niedrig (Positions-geber ausreichend)

Tabelle 6.4 Gegenüberstellung von Positionsregelung und Geschwindigkeitssteuerung

Abschließend bleibt zu klären, ob das Geschwindigkeits-Steuerprinzips mit einem kraftgesteuerter oder einem selbstneutralisierenden Steuerknüppel realisiert werden soll. Letzterer hat den Vorteil, daß zu seiner Bedienung nicht nur Kraft vom Bediener aufgebracht, sondern proportional dazu auch ein Weg zurückgelegt werden muß, was dem Bediener insgesamt eine wirkungsvollere Rückinformation über die Stärke seiner Betätigung gibt. Auch im Hinblick auf die zu realisierende Kraftreflexion, ist es für den Steuerknüppel unumgänglich, einen wegbetätigten Anteil zu haben, um dem Bediener den richtigen Eindruck der Kraftreflexionsrichtung geben zu können.

6.4.4 Kraftregelung

Kraftsteuerung bzw. -regelung eines Roboterendeffektors ist bei verschiedenen Anwendungen wie dem Polieren von Druckgußformen, dem Entzundern von Stahlgußwerkstücken, dem Putzen von Gußgraten /112/ oder Montageaufgaben, die eine kraftempfindliche Arbeitsweise erfordern, von Interesse. Um die äußeren Arbeitskräfte zu erfassen, muß die Roboterhand mit geeigneten Kraft-Momenten-Sensoren ausgestattet werden. Handsteuergeräte, die eine Kraftvorgabe gestatten sind zum einen rein kraftgesteuerte Geräte wie z.B. der MIT-Handgriff (s.Kap 5) oder nachgiebige Geräte, zu deren Betätigung Kräfte bzw. Momente und Verschiebungen bzw. Verdrehungen aufgebracht werden müssen. Die auf sie ausgeübten Kräfte und Momente werden als Sollwerte für eine nachfolgende Kraftregelung betrachtet. Um den Bediener bei der Kraftsteuerung nicht zu überfordern, werden seine Kraftvorgaben in die Größenordnung der Arbeitskräfte am Slave hochskaliert.

Kraftregelung wird in Verbindung mit einer Positionssteuerung eingesetzt. Soll z.B. ein an die Roboterhand befestigtes Werkzeug entlang einer Oberfläche der Umgebung geführt werden, so müssen in erster Linie die Anpreßkräfte, die Vorschubgeschwindigkeit und die Orientierung des Werkzeuges steuerbar sein. Kraft- und Positionsregelung kann mit einem hybriden Regler /87/, einem Dämpfungsregler /116/, einem Steifigkeitsregler /115/ oder einem verallgemeinerten kartesischen Kraft- und Positionsregler /117/ realisiert werden. Der hybride Regler regelt Position und Kraft im kartesischen Raum unter Berücksichtigung der Orthogonalitäts-Eigenschaft von Kraft- und Geschwindigkeitstransformationen. Während der Bediener nur die Verfahrwege der Roboterhand vorgibt, regelt der Steuerrechner die zur berührten Oberfläche normale Kraft. Die Dämpfungsregelung modifiziert eine Gechwindigkeitsvorgabe, um Kraftabweichungen auszugleichen. Die Steifigkeitsregelung paßt den Verstärkungsfaktor für Positionsabweichungen an eine gewünschte kartesische Steifigkeit der Roboterhand an. Die verallgemeinerte Kraft- und Positionsregelung kombiniert die Dynamik einer kartesischen Bewegung mit dem gewünschten Kraftverhalten.

Für eine kombinierte Geschwindigkeits- und Kraftsteuerung mit einem selbstneutralisierend arbeitenden Master bietet sich ein Dämpfungsregler an. Über ein generalisiertes Dämpfermodel /118/ wird eine Beziehung zwischen vorgegebener Geschwindigkeit des Berührungspunktes $v_{B,soll}$, seiner tatsächlichen Geschwindigkeit $v_{B,ist}$ und der Kraft, die in diesem Punkt wirkt, $f_{B,ist}$ hergestellt.

$$f_{B,ist} = B \ (v_{B,ist} - v_{B,soll}) \tag{11}$$

mit dem

Geschwindigkeitsvektor $v = (v_x, v_y, v_z, \Omega_x, \Omega_y, \Omega_z)^T$

dem Kraftvektor $\qquad f = (f_x, f_y, f_z, m_x, m_y, m_z)^T$

und B als Dämpfungsmatrix.

Die Umrechnung der im Handkoordinatensystem gemessenen Kräfte f_H zu Kräften im Berührungspunkt f_B geschieht mit der kartesischen Kraft-Transformation (s. auch Anhang A.5) gemäß Gl.(12).

$$\begin{bmatrix} F_B \\ M_B \end{bmatrix} = \begin{bmatrix} I & 0 \\ -P\times & I \end{bmatrix} \begin{bmatrix} F_H \\ M_H \end{bmatrix} \tag{12}$$

Der Vektor P beschreibt die Verschiebung des Frames im Berührungspunkt bezogen auf das Handframe, und der Operator $\times$ erzeugt aus dessen Komponenten eine schiefsymmetrische Matrix. Im Gegensatz zu der im Anhang A.5 beschriebenen allgemeinen Krafttransformation handelt es sich in Gl.12 um eine vereinfachte Transformation mit der Einheitsmatrix I in der Hauptdiagonalen, da die Frames der Roboterhand und des Berührungspunktes meist nicht gegeneinander verdreht sind. Die Umrechnung der Geschwindigkeiten im Handframe in Geschwindigkeiten im Berührungspunkt ergibt sich nach

$$\begin{bmatrix} V_B \\ \Omega_B \end{bmatrix} = \begin{bmatrix} I & -P\times \\ 0 & I \end{bmatrix} \begin{bmatrix} V_H \\ \Omega_H \end{bmatrix} \tag{13}$$

Wie der Vergleich der beiden Transformationsmatrizen von Gl.12 und 13 zeigt, ergibt sich die eine durch Transponieren der anderen. In dieser Eigenschaft gleichen sie der Manipulator-Jacobimatrix, die Gelenkmomente in Beziehung bringt zu kartesischen Kräften am Manipulator-Endeffektor bzw. infinitesimale Achsbewegungen zu der Endeffektorbewegung. Diese enge Verwandtschaft zwischen statischer Kraft-Beziehung und infinitesimaler Kinematik wird als Dualität von Kinematik und Statik bezeichnet.

Die Kraftregelung eines Roboters kann exakt nur bei Kenntnis der Elastizitäten bezogen auf seinen Endeffektor realisiert werden. Die Nachgiebigkeit eines Roboters und die daraus ableitbare Dämpfungsmatrix ist wie auch seine Jacobimatrix positionsabhängig und nur schwer erfaßbar. Sie kann experimentell bestimmt und in einer Tabelle bezogen auf die vom Roboter anfahrbaren Raumpunkte abgelegt werden. Eine für erste Versuche nützliche Wahl von B ist die Einheitsmatrix I multipliziert mit einem negativen Dämpfungskoeffizienten.

6.5 Kraftrückkopplung

6.5.1 Methoden zum Messen von Bearbeitungs-, Last- und Kollisionskräften

Das universelle Handsteuersystem soll Kraftrückkopplung besitzen. Gewichte der zu handhabenden Objekte, deren Reaktionskräfte mit der Umgebung sowie Kollisionen des Slaves mit der Umwelt soll der Operateur an der Masterhand spüren können. Im wesentlichen sind drei Verfahren bekannt, wie Kräfte und Momente, die auf einen Endeffektor wirken, gemessen werden können.

Es ist dieses die bilaterale Positionsregelung (s.o.) /19/: Die am Slavearm wirkenden Kräfte werden indirekt ohne Kraftsensoren erfaßt. Tritt an einer der Kinematiken eine Belastung auf, so entsteht eine Positionsabweichung zwischen Slave und Master, die proportional der Belastung und damit ein Maß für diese ist. Die Motoren des Masters werden daraufhin entgegengesetzt dieser Abweichung angesteuert, womit der Operateur durch die Aufnahme einer Reaktionskraft am Handgriff ein Gefühl für die Größe der Belastung erfährt. Um dieses Verfahren beim Universalmasterprinzip anzuwenden, müssen die Positionsabweichung zwischen Master und Slave in kartesischen Koordinaten ermittelt werden. Über die Jacobi-Matrix der Masterkinematik sind die entsprechenden, entgegengesetzt aufzubringenden Verstellungen der Mastergelenke zu berechnen. Nachteilig bei dieser verallgemeinerten bilateralen Positionsregelung sind die vorhandenen Nichtlinearitäten infolge unterschiedlicher Reibungsverhältnisse und Elastizitäten von Master- und Slaveachsen. Sie machen den Reglerentwurf schwierig. Der universelle kraftreflektierende Master des JPL ist mit einem Slave von unterschiedlicher Kinematik auf der Basis einer verallgemeinerten bilateralen Positionsregelung gekoppelt /58/.

Kraft-/Momentensignale können ebenfalls mit der Lastmassenschätzung gewonnen werden, die auf der Regelung von MS-Manipulatoren mit dem inversen Modell beruht /89/. Wird neben Istposition und Istgeschwindigkeit die momentane Beschleunigung gemessen oder berechnet, so kann mit dem Trägheitstensor der Momentenvektor ermittelt werden, der ohne Störung bei einer gegebenen Bewegung wirken müßte. Der weitaus größte Betrag der Störungen rührt von äußeren Kräften und Momenten her. Somit beschreibt die Differenz des an den Slave-Gelenken aufgebrachten Momentenvektors mit dem gemessenen bzw. berechneten störungsfreien Momentenvektor angenähert gerade die Momente an den Slave-Gelenken, die von äußeren Kräften und Momenten herrühren. Das Verfahren ist sehr rechenintensiv und von den eingesetzten Kinematiken abhängig.

Die dritte Methode verwendet einen Kraft-Momenten-Sensor (KMS). Er wird zwischen der letzten Achse des Manipulators und dem Werkzeug angebracht und liefert bei Belastung Kraft- und Momentensignale bezogen auf seinen Schwerpunkt /47/. Die Meßgrößen werden aufbereitet zu einem entkoppelten Kraft- und Momentenvektor. Kraft-Momentensensoren können nachträglich leicht integriert werden. Modelle für unterschiedliche Belastungsbereiche sind auf dem Markt erhältlich. Durch ihre Einbaulänge und ihr Gewicht wird der Arbeitsraum des Manipulators und die zu handhabende Last eingeschränkt.

IR-Steuerungen haben weder eine Regelung, die auf dem inversen Modell noch auf der verallgemeinerten bilateralen Positionsregelung beruht. Damit bietet sich der Einsatz eines Kraft-Momentensensors an. Der nächste Abschnitt geht deshalb näher auf industrielle Kraft-Momenten-Sensorsysteme ein.

6.5.2 Kraft-Momenten-Sensorsysteme

Ein Kraft-Momenten-Sensor (KMS) liefert bezogen auf ein internes kartesisches Koordinatensystem proportional zu einer äußeren Belastung 6 Signale, die die Kräfte entlang der Koordinatenachsen und Momente um diese Achsen beschreiben. Die physikalischen Meßgrößen sind sich aufgrund von Dehnungen ändernde Ströme, die nach dem Hooke'schen Gesetz in Spannungen umgerechnet werden. Die Dehnungen werden mit Dehnmeßstreifen (DMS) meßtechnisch erfaßt. Voraussetzung ist, daß die geometrische Form für alle zu messenden 6 Belastungsarten Dehnungen liefert. Eine bekannte Form ist die von der DLR entwickelte Radspeichengeometrie /99/. Bei größeren Dehnungen werden diese optisch gemessen. Um die Empfindlichkeit zu steigern sowie Temperaturkompensations-Mechanismen einzubauen, ist die Zahl der internen Meßstellen meist größer als die zu messenden 6 Belastungskomponenten. Eine einzelne Kraftkomponente erzeugt meist schon in allen Meßaufnehmern Signalanteile von unterschiedlicher Intensität. Die letzten beiden Gründe machen eine Signalentkoppelung erforderlich. Hierfür stellen die Hersteller eine Kalibriermatrix zur Verfügung, deren Multiplikation mit allen Meßsignalen die entkoppelten Kraft- und Momentensignale liefert. Industrielle KM-Sensorsysteme haben eine Auswerteelektronik mit A/D-Wandlung und liefern die 6 Kraft- und Momentensignale bitseriell über eine RS 232-Schnittstelle.

Wichtige Gesichtspunkte für die Auswahl eines KMS sind Meßbereich, Baugröße und Gewicht . Bei angeflanschten Werkzeugen mit großer Kragweite sind schnell die zulässigen Maximalmomente des KMS erreicht. Eine Kompensation der Ruhelast muß möglich sein. Für realzeitkritische Anwendungen wie z.B. dynamisches Messen muß eine hohe Datenrate gewährleistet sein, um die Kraft- und Momentensignale möglichst schnell einem Auswerterechner zur Übertragung bereitzustellen. Der KMS sollte homogene Lasteigenschaften aufweisen, d.h. die Meßbereiche in den drei Grundkoordinatenrichtungen sollten etwa gleich groß sein. Tabelle 6.5 stellt marktgängige KM-Sensorsysteme einander gegenüber. Der Preis eines solchen Systems einschließlich Auswerteelektronik liegt zwischen 10 und 15 TDM.

Firma Kriterium	Mikro-epsilon		IPR		Seitner		Schunk		Logabex
Modell	LSA 6010	6100	JR3		1S	4S	FS6		EX 6000
Kraft [N]	100	1000	216	1100	100	2000	100	600	500
Moment [Nm]	15	100	16	125	1	20	2	12	50
Durchmesser [mm]	76	150	76	114	57	210	120		modular
Länge [mm]	48	60	32	38	30	90	60		
Gewicht [g]	360	1.6kg	320	860	300	15kg	1kg		
Hysterese [%]	0.8		+- 1		< 2		<0.1		0.1
Nichtlinearität [%]	0.8		+- 1		< 2		0.2		1
Auflösung [%]	0.1		0.05		0.1		0.05		0.025
Meßprinzip	DMS				DMS		DMS		Piezo
Datenrate [Hz]			200				240		10000
Ausgangssignale	+-5V oder RS 232		analog/ seriell		+-10V		analog/ seriell		+-10V/ seriell

Tabelle 6.5 Gegenüberstellung marktgängiger Kraft-Momenten-Sensorsysteme /93..97/

6.5.3 Antriebsprinzipien für die Kraftreflexion

Kraftreflexion auf das Handsteuergerät erfordert Antriebe in allen 6 Bewegungsachsen. Elektrische und pneumatische Antriebe stehen zur Auswahl und werden im folgenden näher untersucht. Da im wesentlichen die Antriebe für die Drehachsen die Konstruktion und die Baugröße des Gesamtgerätes bestimmen, wird besonders auf die Auswahl geeigneter Drehantriebe Wert gelegt. Daneben müssen sie für eine Momenten- bzw. Kraftregelung geeignet sein, da diese die Grundlage der Kraftreflexion ist.

Bei den Elektromotoren wird zwischen Gleichstrom-, Synchron-, Asynchron- und Schrittmotoren unterschieden. Kennzeichnend für Gleichstromservomotoren sind die dynamischen Eigenschaften, wie geringes Trägheitsmoment und hohes Beschleunigungsmoment. Eine besonders flache Bauform mit geringem Trägheitsmoment ist der Scheibenläufer. Er besitzt einen scheibenförmigen Rotor mit aufgeklebten Kupferleitern und Permanentfelderregung. Von der Kennlinie her sind Gleichstrom(DC)-Motoren am ehesten für eine Momentenregelung geeignet, da sie von einem hohen Startmoment aus eine fallende Drehmoment-Drehzahl-Kennlinie aufweisen. Der Synchronmotor dreht mit konstanter Drehzahl. Bei Nullast wandelt er seine aufgenommene Energie in Wärme um, bei Last den entsprechenden Anteil in mechanische Energie. An seiner Antriebswelle kann ein beliebiges Moment abgegriffen, aber nicht erzeugt werden. Asynchronmotoren sind hochbelastbar und wartungsfrei, ihre Regelung ist im Vergleich zu Gleichstrommotoren komplizierter. Ihre Bauform ist von den langen und schlanken Rotoren geprägt. Sie sind als kompakt bauende Drehantriebe weniger geeignet. Schrittmotoren gibt es ebenfalls als permanenterregte Scheibenläufermodelle. Sie sind weniger geeignet für eine Momentenregelung und werden hauptsächlich für Positioniersteuerungen eingesetzt. Sie sind für einen bestimmten Strom optimiert und daher für ein definiertes und konstantes Lastmoment ausgelegt.

Als Pneumatikantriebe bieten sich Lamellen-Druckluft-Motoren oder Schwenkantriebe an. Die Lamellen-Motoren können mit Stirnradgetrieben kombiniert werden, Schwenkantriebe haben schon ein Zahnstangen-Ritzel-System integriert. Von Nachteil bei Druckluftmotoren ist das hohe Startdrehmoment, das sich aufgrund der Dichtungsreibung seiner Lamellen einstellt.

Für die Gesamtbeurteilung eines Antriebskonzeptes muß die Zuführung des Arbeitsmediums Strom oder Luft und seine Steuerbarkeit berücksichtigt werden. Elektrische Servosteuerungen sind in vielen Varianten und Leistungsklassen auf dem Markt erhältlich, so auch in Form von Steckkarten für einen PC-AT-Bus. Luft dagegen kann nur über geeignete Druckregelventile gesteuert werden, die z.B. proportional einer elektrischen Spannung einen Ausgangsdruck erzeugen. Das Verlegen der Energieleitungen ist bei Pneumatikantrieben schwieriger.

Das dynamische Verhalten eines Antriebes wird in erster Linie von der Zeit zum Aufbau des Solldrehmoments, der Zeitkonstante, bestimmt. Bei Elektromotoren ist diese Zeit die Aufbauphase des Magnetfeldes (elektrische Zeitkonstante). Bei pneumatischen Antrieben wirken mehrere Faktoren zusammen, wie die dynamische Charakteristik der Stellventile, die Länge der Zuleitungen, das momentane Volumen der Arbeitskammern sowie die Reibungscharakteristik der Kolben- bzw. Lamellendichtungen. Ihre Dynamik muß deshalb in Verbindung mit den verwendeten Servoventilen betrachtet werden. Um eine Bandbreite für die Kraftrückkopplung von 10Hz zu gewährleisten, ist eine maximale Zeitkonstante von 50ms notwendig, die mit einem Pneumatikantrieb realisierbar ist (s. Gl. 14 Bild 6.14).

$$T_{Ha} = 1/(2\, f_{g,K}) \qquad\qquad (14)$$

$f_{g,K}$ Grenzfrequenz bzw. Bandbreite der Kraftreflexion
T_{Ha} Zeitkonstante des Antriebssystems des Handsteuergerätes

Bild 6.14 Bestimmung der maximal zulässigen Zeitkonstante für die Antriebe des Handsteuergerätes

Die hier näher in Betracht gezogenen Antriebskonzepte werden am Beispiel konkreter Motorausführungen in Tabelle 6.6 gegenübergestellt. Hinsichtlich Baugröße und Leistungsgewicht zeigt der pneumatische Schwenkantrieb klare Vorteile. Von den Zeitkonstanten und Reibungswerten her sind die DC-Motoren günstiger. Da mit der Kraftsteuerung in erster Linie Bearbeitungskräfte vorgegeben und zurückgekoppelt werden sollen, und diese mehr von niederfrequenter Natur sind, reichen Pneumatikantriebe mit ihrer geringen Bandbreite und höherer Nachgiebigkeit aus. Zudem erlauben die besonders flachen Bauformen der Schwenkantriebe eine kompakte Konstruktion der Handeinheit.

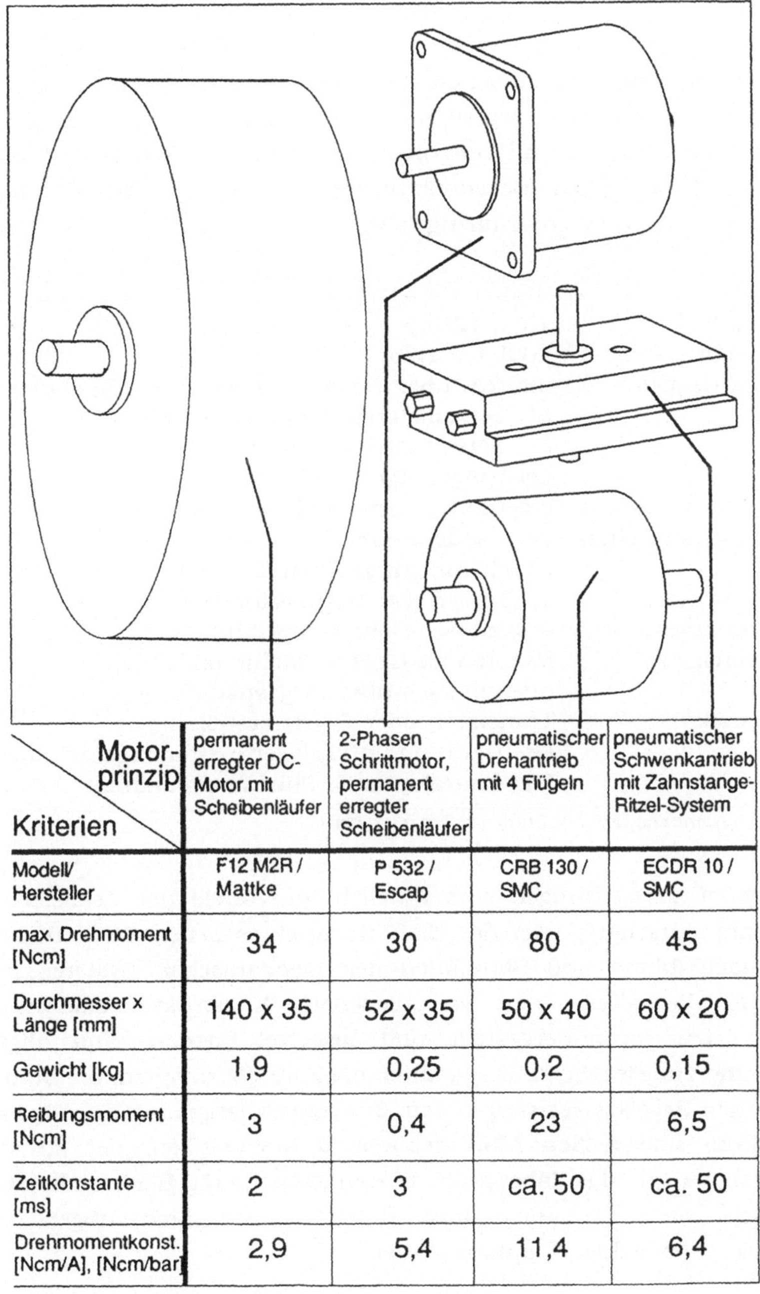

Motorprinzip Kriterien	permanent erregter DC-Motor mit Scheibenläufer	2-Phasen Schrittmotor, permanent erregter Scheibenläufer	pneumatischer Drehantrieb mit 4 Flügeln	pneumatischer Schwenkantrieb mit Zahnstange-Ritzel-System
Modell/ Hersteller	F12 M2R / Mattke	P 532 / Escap	CRB 130 / SMC	ECDR 10 / SMC
max. Drehmoment [Ncm]	34	30	80	45
Durchmesser x Länge [mm]	140 x 35	52 x 35	50 x 40	60 x 20
Gewicht [kg]	1,9	0,25	0,2	0,15
Reibungsmoment [Ncm]	3	0,4	23	6,5
Zeitkonstante [ms]	2	3	ca. 50	ca. 50
Drehmomentkonst. [Ncm/A], [Ncm/bar]	2,9	5,4	11,4	6,4

Tabelle 6.6   Gegenüberstellung diverser Motorprinzipien

6.6 Dynamik

Dynamische Unterschiede zwischen Handsteuergerät und Roboter ergeben sich durch unterschiedliche Motorprinzipien, Kraftübertragungsmechanismen, Massen der Gelenkarme und Leistungselektroniken. In Tabelle 6.7 werden die wichtigsten dynamischen Beschreibungsgrößen der für die Fernhantierung relevanten Robotertypen zusammengefaßt.

Traglasten	15 ... 125kg
Eigengewichte	100kg ... 1,7to
Antriebsprinzipien	indirekt über Riemen, Wellen und Zahnstangen
Motoren	AC-Servomotoren frequenzgeregelt,
	DC-Servomotoren pulsbreitenmoduliert
	Leistungen: 0,6 .. 3KW
Getriebeübersetzungen	bis 1:200 (Harmonic Drive, Cyclo-Getriebe)
Achsgeschwindigkeiten	70 .. 230grad/sec
	Beschleunigungszeiten 0,4 .. 0,6sec
Bahngeschwindigkeit	bis 1m/sec (steuerungsabh.)
Orientierungsgeschw.	30grad/sec (steuerungsabh.)
Gewichtsausgleich	Motoren als Gegengewichte und/oder
	pneumatisch über vorgespannte Zylinder
Leistungsteile	Transistor- oder Thyristorsteller,
	Drehzahl- und unterlagerte Stromregelung mit
	PID-Charakteristik, Pulsbreitenmodulator

Tabelle 6.7 Dynamische Beschreibungsgrößen gängiger IR

Dynamische Untersuchungen sind nützlich im Vorfeld der Realisierung einer neuen Roboterkinematik oder der Einführung eines neuen Steuerungsprinzips. Durch Modellbildung und Simulation des mechanischen Systems kann das dynamische Verhalten von verschiedenen Konstruktionskonzepten und Reglerentwürfen gegenübergestellt und bewertet werden. Von allgemeinem Interesse sind zumeist die Zeitkonstanten der Antriebsstrecken, die Stabilität des geschlossenen Regelkreises und in dem Zusammenhang auch die Auslegung des Reglers. Zum universellen MSB gehören 2 Kinematiken, der zu steuernde Industrieroboter und das dabei geführte Handsteuergerät. Beide stellen 6-achsige Kinematiken dar, die über ihre Antriebe und Steuerungen in einer bewegungsempfindlichen Kopplung stehen.

Die Modellbildung ist der erste und wichtigste Schritt für jegliche Simulationsabläufe. Die Kinematik wird als serielle Verknüpfung starrer Körper modelliert und mit den klassischen Methoden nach Newton-Euler oder Lagrange

/102/ als gekoppeltes, nichtlineares Differentialgleichungssystem beschrieben. Für die Auswertung dieses Gleichungssystems empfiehlt sich der Einsatz eines Rechner-Simulationsprogrammes. Mit dem System MESA VERDE läßt sich die nichtlineare Dynamik von Vielkörpersystemen beschreiben /101/. Alle interessierenden kinematischen und dynamischen Ausdrücke werden in symbolischer Form erzeugt, die anschließend in eigenen numerischen Programmen beliebig oft ausgewertet werden können. Bei Kinematiken mit kartesischem Aufbau und ähnlich ausgelegten Achsen ist das Gesamtsystems entkoppelt, so daß einzelne Achsen untersucht und die gewonnenen Ergebnisse superponiert werden.

6.6.1 Dynamik des Handsteuergerätes

Das Entwurfskonzept des universellen Handsteuergerätes hat einen einfachen kinematischen Aufbau mit einer kartesischen Positioniereinheit und einer Handeinheit mit drei sich senkrecht schneidenden Drehachsen. Positionierungs- und Orientierungsverhalten können somit getrennt betrachtet werden, ja sogar die dynamische Charakteristik einer einzelnen Bewegungsachse stellvertretend für das Verhalten des Gesamtsystems angesehen werden. Die Untersuchung einer Translationsachse soll daher Aufschluß über das Zeitverhalten der Masterantriebe und die Stabilität des geschlossenen Regelkreises geben. Mit Zeitkonstante ist die Zeit gemeint, die bei einem Eingangssprung auf max. Drehmoment verstreicht bis das Antriebsmoment ca. 90% des Sollmomentes erreicht hat. Diese Zeitkonstante bestimmt die maximal mögliche Bandbreite für die Kraftreflexion.

Eine Bewegungsachse stellt ein abgeschlossenes mechanisches System dar, wobei die Pneumatikantriebe als äußere Erregerkraft wirken, die mit den Haltekräften des Bedieners im Gleichgewicht stehen. Eine Kräftebilanz an einer freigeschnittenen Translationsachse liefert die Differentialgleichung des mechanischen Systems (s. Bild 6.15). Die Reibungskraft setzt sich dabei aus einer Reihe von Einzelreibungen zusammen, zu denen die des Lagers, der Weggeber, der Pneumatikantriebe sowie Anteile aus der Haftreibung der mechanischen Federn zählen. Die Superposition all dieser Reibungsanteile führt zu einer nichtlinearen und unstetigen Reibungskennlinie, die hier vereinfacht wird zu einem Grundreibungsanteil F_{R0}, von der aus die Gesamtreibung mit der Achsgeschwindigkeit proportional wächst. Den größten Einfluß haben die Reibungsanteile der Pneumatikkolben. Hinzu kommen noch Haftreibungsanteile, die aber unter der Annahme, daß der Handgriff im MSB stets in Bewegung sein wird, vernachlässigt werden. Die Wirkung der Handkraft wird bestimmt durch die Biomechanik des Menschen und ist vergleichbar mit einem Dämpfer, womit sie ebenfalls geschwindigkeitsproportional angesetzt wird.

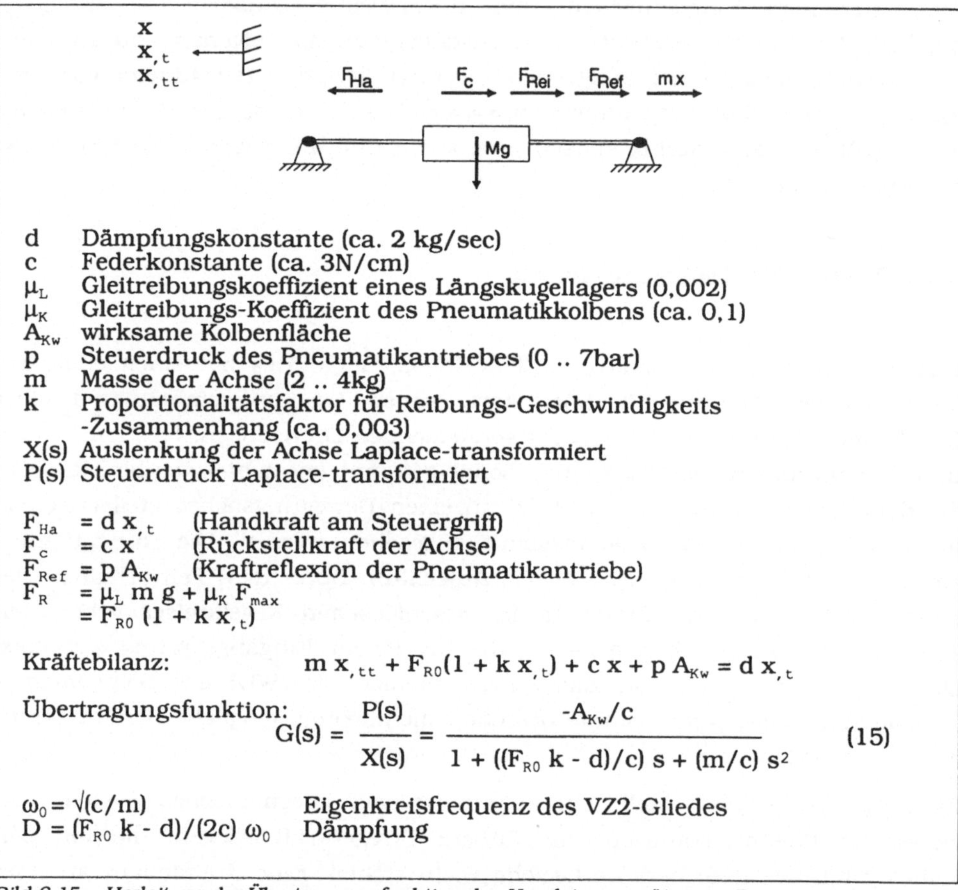

d   Dämpfungskonstante (ca. 2 kg/sec)
c   Federkonstante (ca. 3N/cm)
μ_L Gleitreibungskoeffizient eines Längskugellagers (0,002)
μ_K Gleitreibungs-Koeffizient des Pneumatikkolbens (ca. 0,1)
A_{Kw} wirksame Kolbenfläche
p   Steuerdruck des Pneumatikantriebes (0 .. 7bar)
m   Masse der Achse (2 .. 4kg)
k   Proportionalitätsfaktor für Reibungs-Geschwindigkeits
     -Zusammenhang (ca. 0,003)
X(s) Auslenkung der Achse Laplace-transformiert
P(s) Steuerdruck Laplace-transformiert

$$F_{Ha} = d\, x_{,t} \quad \text{(Handkraft am Steuergriff)}$$
$$F_c = c\, x \quad \text{(Rückstellkraft der Achse)}$$
$$F_{Ref} = p\, A_{Kw} \quad \text{(Kraftreflexion der Pneumatikantriebe)}$$
$$F_R = \mu_L\, m\, g + \mu_K\, F_{max}$$
$$= F_{R0}\,(1 + k\, x_{,t})$$

Kräftebilanz: $m\, x_{,tt} + F_{R0}(1 + k\, x_{,t}) + c\, x + p\, A_{Kw} = d\, x_{,t}$

Übertragungsfunktion:
$$G(s) = \frac{P(s)}{X(s)} = \frac{-A_{Kw}/c}{1 + ((F_{R0}\, k - d)/c)\, s + (m/c)\, s^2} \tag{15}$$

$\omega_0 = \sqrt{(c/m)}$ Eigenkreisfrequenz des VZ2-Gliedes
$D = (F_{R0}\, k - d)/(2c)\, \omega_0$ Dämpfung

Bild 6.15   Herleitung der Übertragungsfunktion des Handsteuergerätes am Bsp. einer Translationsachse

Durch Laplace-Transformation der Differentialgleichung und anschließender Gegenüberstellung der interessierenden Größen, nämlich der Auslenkung des Handgriffes und des Steuerdruckes der Pneumatikantriebe, ergibt sich gemäß Bild 6.15 die Übertragungsfunktion G(s). Sie beschreibt ein Verzögerungsglied 2.Ordnung (VZ2-Glied), dessen Eigenkreisfrequenz ω_0 und Dämpfung D nach den Regeln der klassischen Schwingungslehre berechnet werden kann. Einen stark veränderlichen Parameter stellen die Massen der Bewegungsachsen dar. Das kleinste Gewicht besitzt die Achse nächst dem Handgriff, während die erste

Positionierachse an der Basis die höchste Masse aufweist, da alle nachfolgenden Achsen auf ihr ruhen.

Eine genauere Beschreibung der Antriebscharakteristik verlangt die Einbeziehung der Dynamik der Zuleitungen und der Steuerventile. Dynamische Kenngrößen der zur Anwendung kommenden pneumatischen Proportionalventile gehen i.a. aus den Betriebsunterlagen hervor. Die Zuleitungen stellen Luftsäulen dar, die näherungsweise mit VZ2-Verhalten beschrieben werden können. Das Gesamtübertragungsverhalten ergibt sich aus einer Reihenschaltung mehrerer Systeme 1. und 2. Ordnung. Das dadurch entstehende System n-ter Ordnung kann näherungsweise vereinfacht werden zu einem System aus Totzeit $T_{T,K}$ und Verzögerung 1.Ordnung mit der Zeitkonstanten T_{Ha} (s.Bild 6.16).

$$G_{Ha}(s) \;=\; \frac{X(s)}{P(s)} \;=\; e^{-T_{T,K}\,s}\;\frac{1}{(1 + T_{Ha}\,s)} \tag{16}$$

$T_{T,K}$ Totzeit für Kraftrückkopplung
T_{Ha} Zeitkonstante des Handsteuergerätes
$X(s)$ Auslenkung des Handgriffes
$P(s)$ Rückstellkraft

Bild 6.16   Angenäherte Übertragungsfunktion des Handsteuergerätes

Dieses angenäherte Systemverhalten wurde in einem Versuch bestätigt durch Aufzeichnung der Sprungantwort mit einem Digitaloszilloskop (s. Bild 6.17). Die interessierenden Größen Totzeit $T_{T,K}$ und Zeitkonstante T_{Ha} wurden ausgemessen.

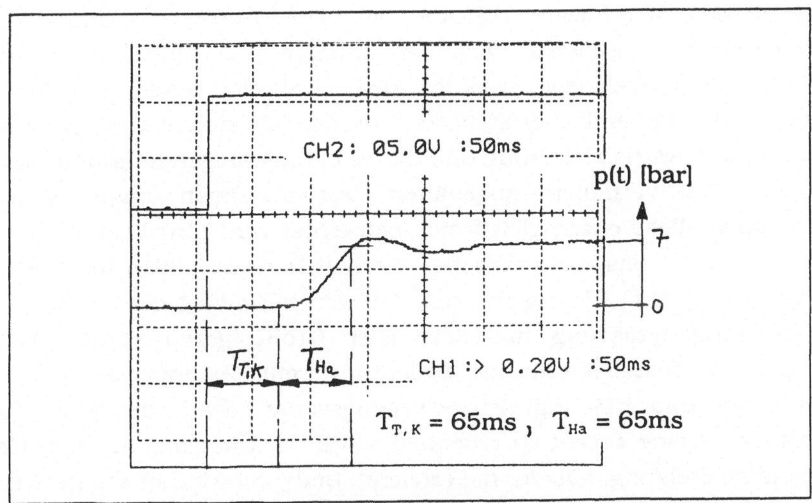

Bild 6.17   Sprungantwort einer repräsentativen Achse des Handsteuergerätes

6.6.3 Dynamisches Verhalten eines Roboters bei Signalvorgabe über die Sensorschnittstelle seiner Steuerung

Für den Master-Slave-Betrieb bzw. den bedienergeführten Roboterbetrieb ist das dynamische Verhalten des Roboters und der Sensorschnittstelle seiner Steuerung ebenfalls von Bedeutung. Bei einer Robotersteuerung handelt es sich um ein Abtastsystem, d.h. alle Funktionen laufen zyklisch in einem festen Takt ab, was in Bild 6.18 veranschaulicht wird. Sensorsignale, die in einem Zyklus eingelesen werden, können die Bewegung des Roboterendeffektors frühestens im nächsten Takt beeinflussen. Zu diesen rein steuerungstechnisch bedingten Verzögerungen kommen noch die elektrischen und mechanischen Reaktionszeiten der Antriebssysteme und der Robotermechanik hinzu.

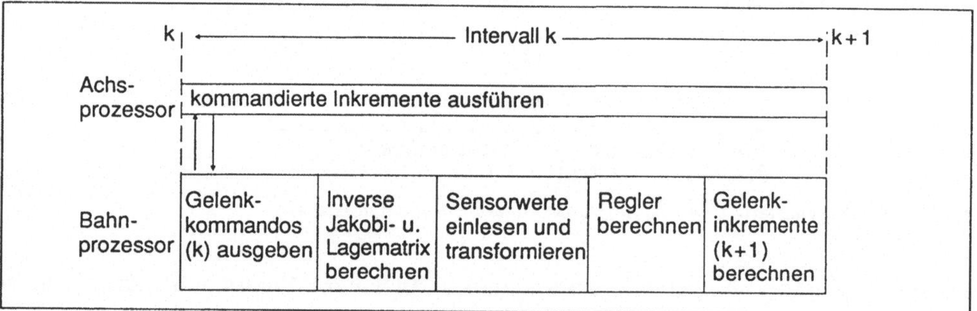

Bild 6.18   Vereinfachtes Zeitdiagramm für eine IR-Steuerung mit Sensorrückführung

Die Modellbildung eines 6-achsigen Roboters ist i.a. durch Nachgiebigkeit, Reibung sowie nichtlineare Effekte in den Antrieben und Gelenken charakterisiert. Ein einfacher Weg, der besonders bei freier Bewegung des Endeffektors als ausreichend erachtet wird, wird hier beschritten. Unter der Annahme, daß eine endliche Steifigkeit in den Gelenken vorliegt, kann die Kombination aus Antrieb, Reibung und die zu beschleunigende Armmasse als ein System mit VZ2-Verhalten angenähert werden, auch dann, wenn das Zusammenspiel aller Achsen gleichzeitig betrachtet wird. Zur Bestätigung dieser Annahme wurde das dynamische Verhalten der SK-Schnittstelle der Robotersteuerung AEG-R500 gemessen. Auf den z-Eingang der SK-Schnittstelle wurde ein Eingangssprung mit maximaler Größe gegeben und dabei die Bewegung des Endeffektors in z-Richtung mit einem Seilpotentiometer aufgenommen. Bild 6.19 zeigt den Bewegungsverlauf des Endeffektors über der Zeit. Deutlich ist eine Totzeit zu erkennen sowie der Übergang zu einer Geraden mit konstanter Steigung, aus der die erreichte Endgeschwindigkeit mit Hilfe eines Steigungsdreiecks bestimmt wird.

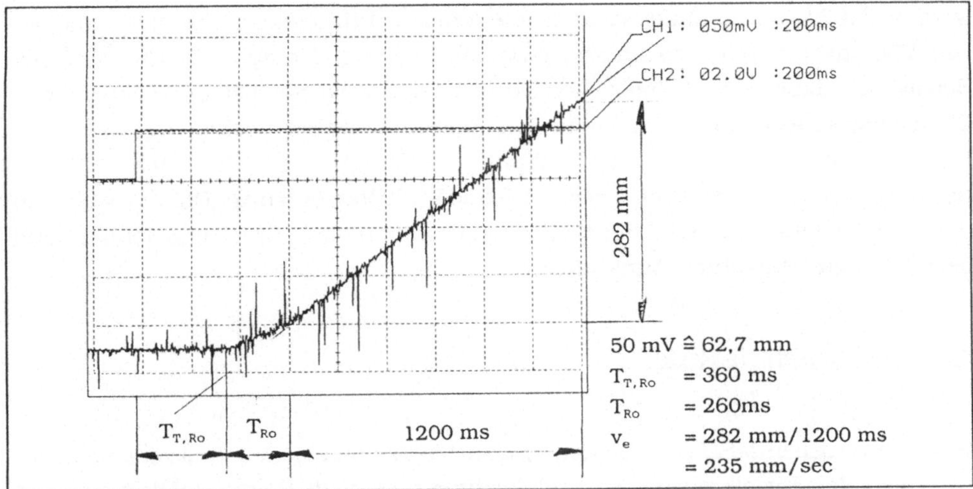

Bild 6.19   Systemverhalten der SK-Schnittstelle der Robotersteuerung AEG-R500V2 bei einem Eingangssprung auf die SK-Schnittstelle

In Anbetracht der relativ großen Totzeit kann das Systemverhalten nochmals vereinfacht werden zu einem Totzeitanteil $T_{T,Ro}$ und einem VZ1-Glied mit der Zeitkonstante T_{Ro}. Die damit aufstellbare Übertragungsfunktion des Roboters geht aus Bild 6.20 hervor:

$$G_{Ro}(s) = \frac{X_a(s)}{U(s)} = e^{-T_{T,Ro}\,s} \frac{1}{(1 + T_{Ro}\,s)} \tag{17}$$

$X_a(s)$ aktuelle Position bzw. Orientierung des Endeffektors
$U(s)$ = dx_c oder dF_c : Bewegungsinkrement im kartesischen Raum
    als Delta-Impuls
T_{Ro} Zeitkonstante der SK-Schnittstelle (ca. 100..200ms)
$T_{T,Ro}$ Totzeit der SK-Schnittstelle (ca. 80..90ms)

Bild 6.20   Angenähertes Übertragungsverhalten eines IR bei Signalvorgabe über die SK-Schnittstelle seiner Steuerung

Untersuchungen zum Test der Dynamik der SK-Schnittstelle hat auch die DLR mit einem ASEA Industrieroboter IRB6 durchgeführt /48/. Es wurde ebenfalls das Robotersystemverhalten als VZ2-Glied angenähert und die dazugehörige Sprungantwort gemessen. Es ergaben sich hierbei Zeitkonstanten, die je nach Verfahrrichtung zwischen 70 bis 250 ms lagen, sowie beträchtliche Totzeiten von 80 bis 90 ms.

Ähnliche experimentelle Untersuchungen sind am wbk der Universität Karlsruhe an einem KUKA IR 601 in Verbindung mit einer RCM-Steuerung durchgeführt worden /103/. Als Reaktionszeit für die Sensorschnittstelle ergab sich eine Zeit von 220 ms auf eine sprungartige Beaufschlagung der Schnittstelle hin. Der Betrag der dabei eingeleiteten Korrekturbewegung wurde bei der verwendeten Steuerungsversion durch die Dauer der Schnittstellenbeaufschlagung gesteuert. Das Gesamtsystem Roboter und Steuerung verhielt sich hierbei regelungstechnisch betrachtet wie ein I-Glied mit Verzögerung. Die am wbk und der DLR ermittelten Reaktionszeiten sind damit in etwa vergleichbar und bestätigen die gemachten Annahmen.

6.6.4 Der Mensch als Regler

Beim universellen MSB bzw. bedienergeführten Roboterbetrieb stellt der Bediener ein Glied des Regelkreises dar und bestimmt je nach Sichtverhältnissen und Kraftrückkopplung die Bewegungsvorgaben. Mit der Stärke seiner Handauslenkung steuert er bei freier Bewegungsführung die Geschwindigkeit und Richtung, mit der der Roboter-Endeffektor im Raum verfahren soll bzw. bei Kontakt mit einer Oberfläche auch die Anpreßkräfte. Der letztere Fall ist steuerungstechnisch komplexer, da er die genaue Kenntnis der Roboternachgiebigkeit und den Einsatz eines hybriden Reglers (Kraft- und Positionsregler) verlangt.

Für die Beschreibung des Reglers Mensch wurde eine Vielzahl von mathematischen und algorithmischen Simulationsmodellen entwickelt /104,105/. Die Grundform parametrischer, quasilinearer Modelle im Laplace-Bereich ist in Bild 6.21 dargestellt.

$$H(s) = k \; \frac{(1 + T_L s)}{(1 + T_I s)} \; \frac{e^{-T s}}{(1 + T_N s)} \qquad (18)$$

T_L Zeitkonstante des Vorhaltegliedes des Reglers "Mensch"
T_I Zeitkonstante des Verzögerungsgliedes des Reglers "Mensch"
T_N Zeitkonstante für motorisches Verhalten eines Armes
T Reaktionszeit des Menschen
k Verstärkungsfaktor

Bild 6.21 Übertragungsfunktion des Reglers Mensch als quasilineares Modell

Die Übertragungsfunktion gilt unter den Randbedingungen der Eingrößenregelung, der Stationarität (gut trainierte Versuchspersonen) und für quasistochastische Eingangsgrößen. Die obige Gleichung kann in zwei Anteile gegliedert werden. In den Teil, der durch die Totzeit T und die Verzögerungszeit T_N bestimmt wird und nur schwach veränderlich ist und denjenigen Teil, der die stark veränderlichen Parameter k, T_L und T_I enthält, die die Anpassungsfähigkeit des Menschen an die Regelaufgabe beschreiben. Das Totzeitglied stellt näherungsweise das Reaktionsverhalten des Menschen dar, während das Verzögerungsglied grob das motorische Verhalten seines Armes beschreibt. Der Verstärkungsfaktor k und die Zeitkonstante T_L und T_I des Vorhalt-Verzögerungsgliedes werden vom Regler Mensch so an die Dynamik der Regelstrecke angepaßt, daß sich ein günstiges Regelverhalten ergibt (vgl. /104,105/).

6.6.5 Der geschlossene Regelkreis

Bei der Betrachtung des geschlossenen Regelkreises aus Operateur, Handsteuergerät, Slave und Steuerrechnern wird generell zwischen der freien Bewegungsführung des Slaves und der Führung mit Kontakt zu einer Werkstückoberfläche unterschieden. Bild 6.22 veranschaulicht die Führungs- und Regelgrößen des geschlossenen Regelkreises.

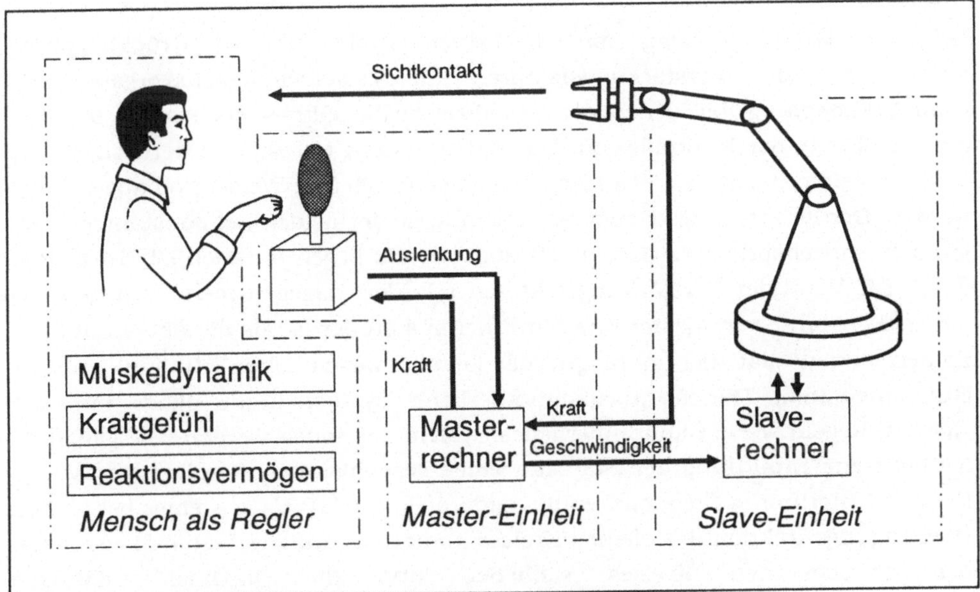

Bild 6.22   Der Mensch als Regler im bedienergeführten Roboterbetrieb

Bei der freien Bewegungsführung ist die Grenzfrequenz bzw. Bandbreite von Interesse, bei der der Slavearm den Vorgaben des Operateurs noch folgen kann, ohne daß die Führungsgenauigkeit stark beinträchtigt wird. Diese kann mit der Summe der Zeiten aus Totzeit $T_{T,Ro}$ und Zeitkonstante T_{Ro} des Slavesystems nach Bild 6.20 abgeschätzt werden. Um zwei Richtungswechsel durchzuführen, wird das Doppelte dieser resultierenden Zeit benötigt, woraus sich durch Kehrwertbildung die maximal steuerbare Bandbreite nach Gl. (19) ergibt zu 3 Hz.

$f_{q,P}$ Grenzfrequenz bzw. Bandbreite für Positionsvorgabe
T_{Ro} Zeitkonstante des IR bei Bedienerführung über SK-Schnittstelle
$T_{T,Ro}$ Totzeit der SK-Schnittstelle

$$f_{g,P} = \frac{1}{2\,(T_{T,Ro} + T_{Ro})} \tag{19}$$

Bild 6.23   Bestimmung der Bandbreite für die Positionsvorgabe

Andererseits hat der Mensch bei einer Nachfolgeregelung nur eine begrenzte Reaktionszeit und kann nach einer Untersuchung von Welford /107/ nur alle 0,5 sec Korrekturen durchführen. Der wesentliche Frequenzbereich der manuellen Regelung ergibt sich daraus zu 0 bis 2 Hz.

Bei der Bedienerführung mit Werkstückkontakt und Kraftrückkopplung interessieren die Verstärkungsfaktoren für Geschwindigkeitsvorgabe und Kraftrückkopplung, bei denen der geschlossene Regelkreis noch stabil ist, und die Bandbreite der Kraftreflexion. Das letztere kann mit Wissen der Totzeit $T_{T,K}$ und der Zeitkonstante T_{Ha} des Mastersystems auf gleiche Weise grob abgeschätzt werden. Der Kehrwert des Doppelten der Summe der beiden Zeitkonstanten kann je nach Antriebsprinzip zwischen 10 und 100 Hz liegen (s. auch Gl. 14 in Bild 6.14). Die Wahl der Verstärkungsfaktoren erfordert dagegen mehr Aufwand. Da die Zeitkonstante von Master und Slave weitaus größer ist als die Abtastzeit ihrer Steuerrechner, hat der Abtastprozeß keinen wesentlichen Einfluß auf die Gesamtdynamik. Dieses quasikontinuierliche System kann daher mit den gleichen Regeln wie ein kontinuierliches System behandelt werden. Die gängigste Methode zur Ermittlung der Stabilität eines geschlossenen Regelkreises ist das Nyquist-Kriterium in Frequenzkennliniendarstellung /109/. Aus einer bekannten Übertragungsfunktion des offenen Kreises kann man auf das Stabilitätsverhalten des geschlossenen Kreises schließen und die maximal zulässigen Verstärkungsfaktoren für den Grenzfall ermitteln.

Dazu wird das Bodediagramm erstellt, die graphische Darstellung des Frequenzgangs in einem doppeltlogarithmischen Koordinatensystem. Es besteht aus zwei Diagrammen, einem zur Darstellung des Amplitudenverlaufs und einem zur Darstellung des Phasenverlaufs (s. Bild 6.25).

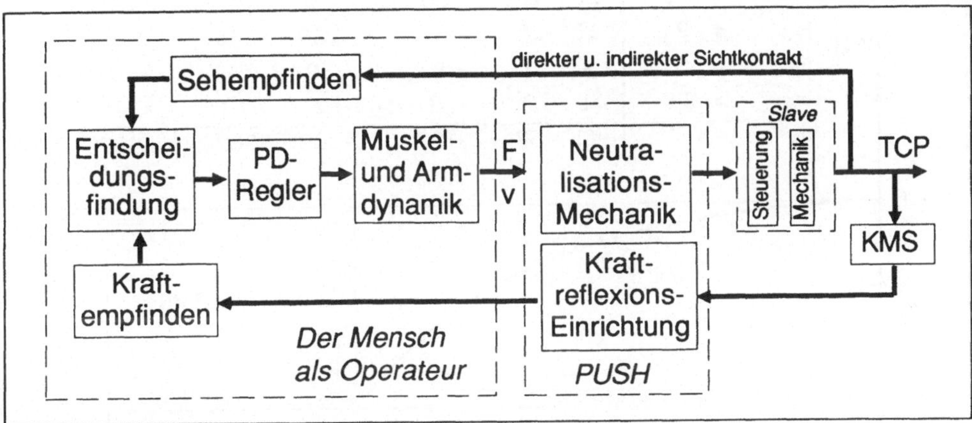

Bild 6.24   Blockdiagramm des bedienergeführten Roboterbetriebes

Zur Ermittlung der Übertragungsfunktion des offenen Kreises dient das Blockdiagramm des MSB's in Bild 6.24. Da die Einzelübertragungsfunktionen aller im Regelkreis beteiligten Systeme im wesentlichen bekannt sind, wird durch fortgeführte Multiplikation die Gesamtübertragungsfunktion des offenen Kreises ermittelt. Durch Substitution der komplexen Variable mit $j\omega$ und Ausklammern der Einzelverstärkungsfaktoren ergibt sich der Frequenzgang nach Gl.20. Die Eckfrequenzen der Zähler- und Nennerfaktoren (ω_{Zi}, ω_{Nj}) ergeben sich aus dem Kehrwert ihrer Zeitkonstanten.

$$F_0(j\omega) = k \frac{(1+j(\omega/\omega_{Z1}))\; e^{-j(\omega/\omega_T)}}{(1+j(\omega/\omega_{N1}))\;(1+j(\omega/\omega_{N2}))\;(1+j(\omega/\omega_{N3}))\;(1+j(\omega/\omega_{N4}))} \tag{20}$$

$\omega_{Z1} = 1/T_L,\quad \omega_T = 1/T_{Tges},$

$\omega_{N1} = 1/T_{Ha},\quad \omega_{N2} = 1/T_{Ro},\quad \omega_{N3} = 1/T_I,\quad \omega_{N4} = 1/T_N,$

$V = k_{Ha}\, k_{Ro}\, k_{Me}$

Beim Zeichnen der Betragskurve wird der Verstärkungsfaktor zuerst mit 0dB angesetzt. Die Gesamtverstärkung wird durch Verschieben der 0dB-Linie berücksichtigt. Nach dem Nyquist-Kriterium ist der geschlossene Regelkreis dann stabil, wenn die Phasenkennlinie bei der Durchtrittsfrequenz oberhalb -180° liegt. Die Durchtrittsfrequenz ω_D liegt im Schnittpunkt des Betragsverlaufs mit der verschobenen 0dB-Linie. Der Phasenabstand zur -180°-Linie stellt die

Phasenreserve dar. Wird die Gesamtverstärkung vergrößert, so bedeutet dies eine Senkung der 0dB-Linie und damit eine Abnahme der Phasenreserve. Auf diese Weise wird der maximal zulässige Verstärkungsfaktor nach Bild 6.25 zu 63 ermittelt.

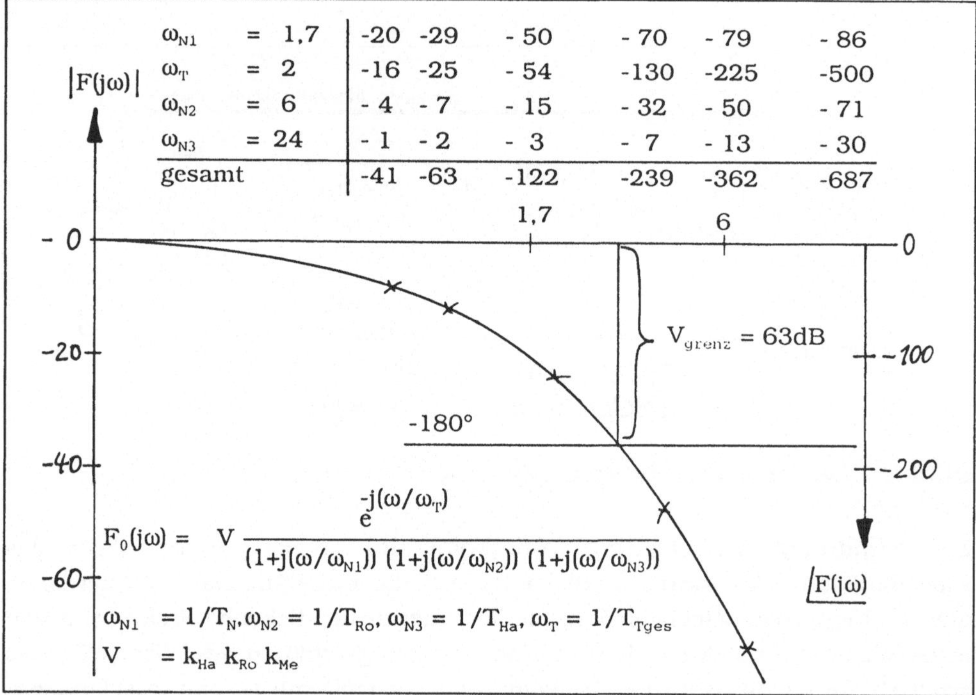

Bild 6.25   Anwendung des Nyquist-Kriteriums in Frequenzkennlinien-Darstellung zur Ermittlung des maximal zulässigen Verstärkungsfaktors.

Eine einfachere Stabilitäts-Betrachtung für ein bilaterales Fernhantierungssystem, das zudem noch die Nachgiebigkeit der Fernhantierungsaufgabe bzw. der Umwelt berücksichtigt, verwendet Hannaford /108/ und Raju /14/.

Das Fernhantierungssystem besteht aus einem Kraft- und Positionsvorgabezweig und einem Kraftrückkopplungszweig. Die Dynamik von Vorwärts- und Rückwärtszweig wird beschrieben mit Impedanzen. Kraft- und Geschwindigkeits-Variable in mechanischen Systemen entsprechen Spannungs- und Strom-Signalen in elektrischen Netzwerken. Mechanische Impedanzen und Admittanzen können daher in Analogie zur Elektrik formuliert werden, so daß leistungsfähige mathematische Methoden der Netzwerktheorie angewendet werden können /110/. Bild 6.26 zeigt die drei Teilsysteme des Master-Slave-Systems. Der MS-Manipulator wird als mechanisches System mit 2 Ports modelliert in Analogie zu einem 2-Port elektrischen System. Der Bedienungsarm des Operateurs verhält sich aus Sicht des Master-Ports als Impedanz Z_{Op} und Kraftquelle Q_f. Die Arbeitsaufgabe in der entfernt liegenden Umgebung wird als Feder-Dämpfer-Masse-System modelliert und erscheint vom Slave-Port aus betrachtet als passive Impedanz Z_{Auf}. Das 2-Port Model des MS-Manipulators wird beschrieben durch eine 2x2 Impedanzmatrix, die Kräfte und Geschwindigkeiten von Master und Slave gemäß Gl.21 in Relation bringt.

$$\left\{ \begin{array}{c} f_m \\ f_s \end{array} \right\} = \left[\begin{array}{cc} z_{11} & z_{12} \\ z_{21} & z_{22} \end{array} \right] \left\{ \begin{array}{c} v_m \\ v_s \end{array} \right\} \tag{21}$$

Aus den Elementen dieser Impedanzmatrix wird die resultierende Impedanz des Master- und Slave-Ports berechnet. Durch Lösen zweier nichtlinearer algebraischer Gleichungen werden bei festgelegten Impedanzen für den Master- und Slave-Port die Elemente der Impedanzmatrix und aus diesen wiederum die Verstärkungsfaktoren für Vorwärts- und Rückwärtszweig berechnet.

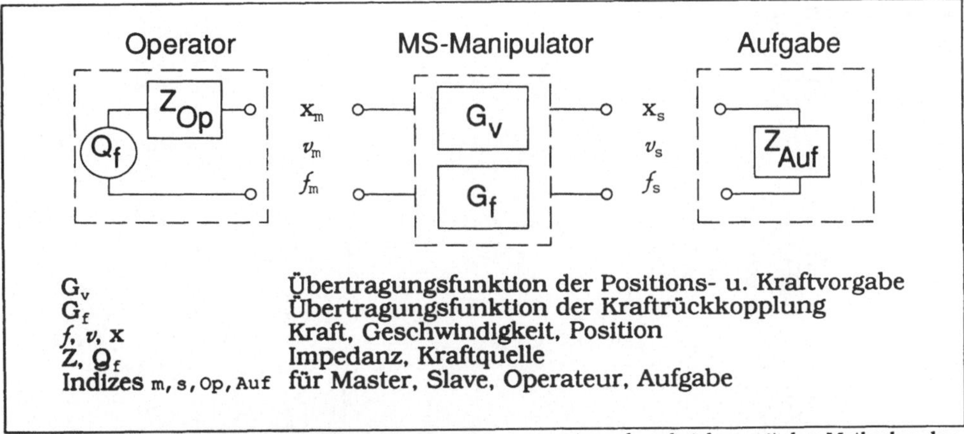

Bild 6.26   *Vereinfachtes Modell eines Fernhantierungssystems beschrieben mit den Methoden der Netzwerktheorie nach Raju/14/.*

Haupteinflußgrößen für die Stabilität des Fernhantierungssystems sind das Verhältnis von Bediener- und Aufgaben-Impedanz sowie die resultierende Totzeit T. Die Aufgaben-Impedanz besteht zumeist aus einem Metall-zu-Metall Kontakt, während die des Bedieners durch die Biomechanik seines Armes bestimmt wird. Das Verhältnis Z_{Auf} zu Z_{Op} kann somit sehr groß sein. Eine steife Umgebung führt i.a. zu einer Destabilisierung des Fernhantierungssystems. Eine hohe Bediener-Impedanz, d.h. ein festes Halten des Mastergriffes, wirkt sich dagegen wieder günstig auf die Stabilität aus.

7. Spezifikation des universellen Handsteuergerätes

7.1 Ergonomie

Ergonomische Aspekte betreffen im wesentlichen die optimale Gestaltung des Handsteuergerätes hinsichtlich der Fähigkeiten seines Bedieners. Die eigentliche Kontaktstelle zwischen Bediener und Handsteuergerät ist der Handgriff. Seine Gestaltung ist von der Zielanwendungen abhängig. Eine ergonomische Form des Griffes soll ein sicheres und ermüdungsarmes Bedienen gestatten. Die Gestaltung des Handgriffes ist auch davon abhängig, ob noch eine weitere Achse, z.B. für das Öffnen und Schließen eines Greifers, und zusätzliche Schalter für Zustimmungsfunktionen und Ein-/Ausschaltvorgänge mit eingebaut werden sollen. Eine Untersuchung vom JPL hat alle denkbaren Grifformen mit integrieter 7.Achse gegenübergestellt und bewertet /56/. Ein konturierter Handgriff mit oberem und unterem Begrenzungswulst, wie er in Bild 7.1 dargestellt ist, hat sich als beste Ausführung erwiesen.

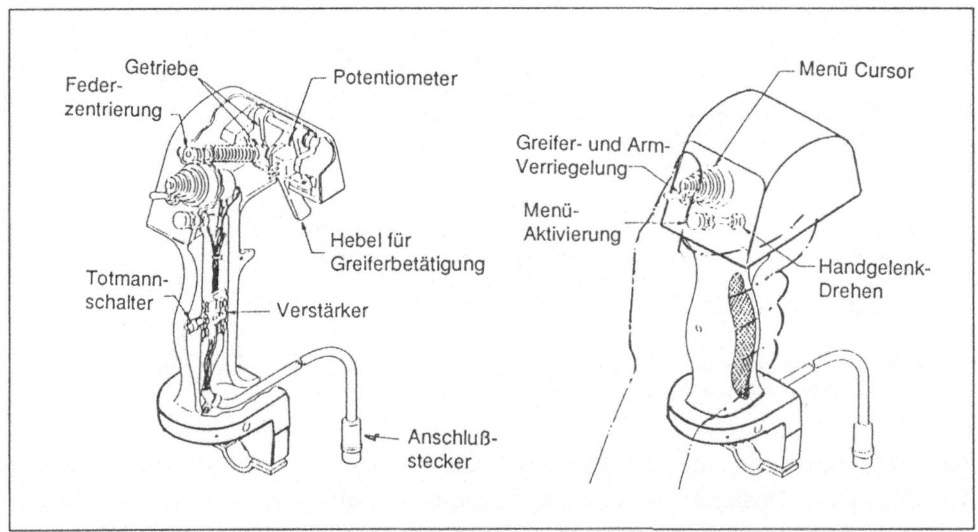

Bild 7.1 Handgriff des Oak Ridge NL zur Steuerung des ASM-Servomanipulators /21/

Falls eine 7.Achse für die Greiferfunktion benötigt wird, empfiehlt sich der Einbau eines Hebels mit Federrückstellung. Er beansprucht das kleinste Einbauvolumen und ist mit Mittel- und Zeigefinger gut bedienbar. Ein Totmannschalter, der aus sicherheitstechnischen Aspekten immer vorhanden sein muß, läßt sich als kapazitive Berührungsfläche realisieren. Auf der oberen

Wulstfläche können Hilfsschalter für verschiedene Schaltvorgänge derart angeordnet werden, daß sie noch bequem mit dem Daumen erreichbar sind.

Arbeitsraum und Orientierungsbereiche des Steuergriffes müssen der Beweglichkeit der menschlichen Hand optimal angepaßt sein, um den Bediener auch diesbezüglich nicht zu überanstrengen. Untersuchungen zum Kraftgefühl der menschlichen Hand von Süß /70/ ergaben Werte für die Kraftempfindlichkeit von 0,3N und maximal ausübbare Handkräfte von 200N bzw. Drehmomente von 18Nm. Diesen hohen Werten soll der Bediener des universellen Handsteuergerätes nicht ausgesetzt werden. Maximal 10% der ermittelten Kräfte sollen bei voller Auslenkung des Handgriffes bzw. bei voller Kraftreflexion auf die Bedienerhand einwirken. Über eine variabel einstellbare Kraftskalierung am Steuerrechner können jederzeit höhere Kräfte am Slaveendeffektor erzeugt werden, womit der Operateur entscheidend entlastet wird und höhere Leistungsfähigkeit erreicht.

Grundsätzlich sollte das Handsteuergerät mit nur einer Hand bedienbar sein, um die Möglichkeit des Dual-Master-Slave-Betriebes nicht auszuschließen, als auch um immer eine Hand frei zu haben für andere Bedienereingriffe, wie z.B. das Führen einer Kamera. Eine Abstützung des Handballens oder des Unterarms ist ebenfalls von Vorteil, um dem Bediener noch mehr Ausdauer und höhere Leistungsfähigkeit gerade bei der Feinpositionierung geben zu können. Die Zugänglichkeit des Handgriffes von mehreren Seiten aus sollte gewährleistet sein, um eine flexible Aufstellung und Bedienung des Gerätes zu ermöglichen, und um dem Bediener nicht das Gefühl des "eingesperrt seins" zu vermitteln.

7.2 Kinematik

Das universelle Handsteuergerät bzw. der Universalmaster soll eine Art 6-achsiger Steuerknüppel darstellen, der mit einer Hand bedient werden kann. Die unmittelbare Schnittstelle zum Bediener hin ist sein Handgriff. Über ihn muß der Bediener einerseits Verschiebungen und Verdrehungen vorgeben und andererseits das Kraftgefühl erfahren können. Die mechanischen und kinematischen Eigenschaften des Handgriffes sind somit entscheidend für die Qualität des Universalmasters.

Die konstruktive Hauptaufgabe besteht darin, dem Handgriff soviel Freiheitsgrade zu verleihen wie die Zielanwendung es erfordert. Das ergibt 6 Freiheitsgrade, drei zum Verschieben entlang den Achsen eines kartesischen Basiskoordinatensystems und drei zum Erzeugen von Verdrehungen um diese Achsen (s.Bild 7.2). Sind weniger Freiheitsgrade nötig für eine spezielle Applikation könnte dieses durch mechanisches oder softwaremäßiges Sperren einzelner Freiheitsgrade oder durch eine modulare Bauweise geschehen.

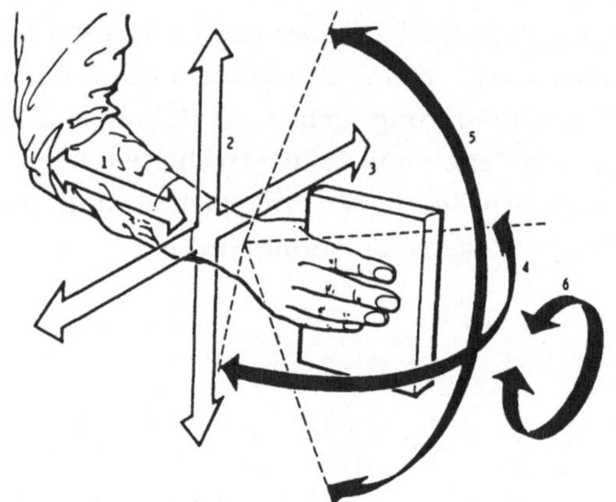

Verschiebungen:

1. Vorwärts - Rückwärts
2. Hoch - Runter
3. Rechts - Links

Verdrehungen:

4. Gieren (Yaw)
5. Nicken (Pitch)
6. Rollen (Roll)

Bild 7.2   Die 6 Freiheitsgrade, die der Handgriff eines universellen Handsteuergerätes bereitstellen muß.

Verschiebungen und Verdrehungen sollten ohne gegenseitige Kopplungen ausführbar sein. Besonders beim Aufbringen einer Translationskraft auf den Handgriff in beliebiger Richtung wird dieser Aspekt sehr deutlich. Der Handgriff darf dabei nicht abknicken und somit zusätzlich eine ungewollte Drehvorgabe erzeugen. Abhilfe schafft hier eine kinematische Anordnung der Handachsen aus drei sich in einem Punkt senkrecht schneidenden Drehachsen, was einer Kardangelenkkonstruktion entspricht. Als weitere Bedingung muß dieser gemeinsame Schnittpunkt ungefähr im Mittelpunkt des Handgriffes liegen, dem Zentrum der Kraftbeaufschlagung durch den Bediener. Diese Bedingung wird von den in Kapitel 5.2 beschriebenen Geräten nicht erfüllt.

Ein weiterer Gesichtspunkt ist die leichte Bewegbarkeit. Der Handgriff sollte in allen Richtungen mit dem gleichen Kraftaufwand betätigt werden können, um dem Bediener insgesamt ein isotropes Bewegungsverhalten vermitteln zu können. Dieser Kraftaufwand soll, abgesehen von dem zu realisierenden Rückstellverhalten, möglichst klein gehalten werden.

Der Arbeitsraum des Handgriffes soll zum einen größer sein als der einer nachgiebigen Sensorkugel und zum anderen wesentlich kleiner sein als der eines herkömmlichen Mastermanipulators wie z.B. des EMSM II. Um ihn auch dem menschlichen Operationsraum anzupassen, empfiehlt sich ein Arbeitsvolumen von 10*10*10 cm und Orientierungsbereiche von max. 180°. Ausgehend von einer Mittenposition des Handgriffes ergeben sich damit Verschiebungen von +/- 5 cm und Verdrehungen von max. +/- 90°.

Wie die Untersuchungen zum Steuerprinzip ergaben, sind selbstneutralisierend arbeitende Bewegungsachsen am günstigsten, d.h. nach einer beliebigen Auslenkung des Handgriffes muß dieser wieder von alleine in seine Ausgangsstellung (=Achsmittenposition) zurückkehren. Nachteilig wird sich hierbei die Systemreibung äußern. Je höher diese ausfällt, desto größer wird die Hysterese für die Neutralisationseinrichtung sein. Der Handgriff wird je nach Ausschlagsrichtung nie genau wieder in seine Mittenposition zurückkehren, sondern etwas davor oder dahinter zum Stillstand kommen. Bei dem relativ kleinen Bewegungsraum muß darauf geachtet werden, daß dieser durch die Hysterese bedingte Totraum möglichst klein bleibt. Mit Hilfe einer starken Mittenzentrierungs-Einrichtung kann das letztere erfüllt werden.

7.3 Kraftrückkopplung

Kraftreflexion auf den Master-Handgriff erfordert Antriebe in allen 6 Bewegungsachsen des Handsteuergerätes. Die Integration dieser Antriebe soll das Bauvolumen und Gewicht des Gerätes nicht wesentlich vergrößern. Um den Operateur nicht zu sehr zu belasten, soll die Antriebsleistung etwa 1/10 der von einem Durchschnittsmenschen maximal aufbringbaren Kräfte und Momente betragen. Nach der Ergonomiestudie von Süß /70/ ergeben sich damit maximal 20 N als translatorische Stellkräfte und 1,8 Nm als Drehmomente für die Orientierungseinstellung. Die Antriebe sollten die freie Bewegbarkeit des Handgriffes nicht einschränken, dürfen also nicht selbsthemmend sein und hinsichtlich des Arbeitsschutzes keine Gefahr für den Menschen darstellen. Ferner lassen sich die Anforderungen an die Handachsenantriebe genauer beschreiben; sie müssen keine vollen Umdrehungen bereitstellen, sondern Schwenkbereiche entsprechend den Handbewegungen des Menschen von max. +/- 90° sind ausreichend. Ein Anflanschen der Antriebe direkt auf die Bewegungsachsen wird angestrebt, um eine kompakte Bauweise anzustreben sowie komplizierte Kraftübertragungswege über mehrere Gelenke hinweg zu vermeiden. Das Zwischenschalten eines Getriebes muß dabei nicht ausgeschlossen sein, große Getriebeübersetzungen allerdings vermieden werden, um Trägheit und Reibung des Antriebes klein zu halten. Getriebespiel ist von geringerer Bedeutung, da das Gerät nicht als Positionierer im Automatikbetrieb eingesetzt wird. Ferner müssen die Motoren besonders für den statischen Betrieb ausgelegt sein und hierbei hohe Haltemomente in jeder Achsposition in beiden Richtungen aufbringen können.

Die Auswahl eines geeigneten Antriebsprinzips wird in großem Maße mitbestimmt durch die zur Verfügung stehenden Platzverhältnisse. Da als kinematische Lösung für die Handachsenkonstruktion das Kardangelenkprinzip gewählt wurde, sind die zur Verfügung stehenden Einbauvolumina für die Antriebe klar vorgegeben. Motoren müssen derart auf die Drehachsen montiert werden können, daß das freie Durchdrehen der ineinandergeschachtelten Drehachsen nicht behindert wird. Das verlangt flache Bauformen, und da jede Drehachse von der vorausgehenden Achse getragen werden muß, auch leichte Ausführungen.

Um Stellwerte für die Kraftreflexionseinrichtung zur Verfügung zu haben, muß der Slaveroboter an seinem TCP mit einem Kraft-Momentensensor ausgestattet werden. Dieser soll während der Fernmanipulation die Belastung des TCP durch äußere Kräfte sowie Gewichtskräfte der gehandhabten Objekte messen und die dabei gewonnenen Signale dem Steuerrechner zur Berechnung der Stellsignale weiterleiten.

7.4 Steuerung

Bild 7.3 veranschaulicht den Funktionsumfang der Mastersteuerung. Als übergeordnete Hauptaufgaben ist das Erzeugen der Geschwindigkeitsvorgaben für die Slave-Steuerung und die Kraftrückkopplung für den Master zu nennen, für deren Realisierung aber eine ganze Reihe von Teilfunktionen erfüllt werden müssen.

Bild 7.3   Übersicht über die wichtigsten Teilaufgaben der Mastersteuerung

Bild 7.4 verdeutlicht die Funktion der Master-Steuerung als Regelglied zwischen Operateur und Slavemanipulator. Das Übersichtsschema erinnert von seiner Blockstruktur her an eine unterlagerte Regelung. Der Mensch im äußeren Regelkreis beobachtet die Ist-Bewegung des Slave-Endeffektors, vergleicht sie mit seinen Vorgaben und erzeugt Korrekturbewegungen mit dem Mastergriff. Im inneren Regelkreis liegt der Masterrechner als Regelglied. Er liest aus der IR-Steuerung die momentane Roboterposition aus und leitet nicht einen Korrekturwert derselben Größe ab, sondern manipuliert den vom Bediener vorgegebenen Geschwindigkeitsvektor. Die Roboterposition stellt also keine direkte Regelgröße dar, sondern dient nur zur Überwachung derselben. Der Geschwindigkeitsvektor muß derart korrigiert werden, daß der Slave-Endeffektor nicht in seine Arbeitsraumgrenzen oder in eine Singularität hineinfährt sowie die maximal zulässigen Bahngeschwindigkeiten nicht überschritten werden. Darin bestehen die Hauptaufgaben für das Angleichen der kinematischen und dynamischen Unterschiede, die sich aus der Verwendung von unterschiedlichen Kinematiken beim MSB ergeben.

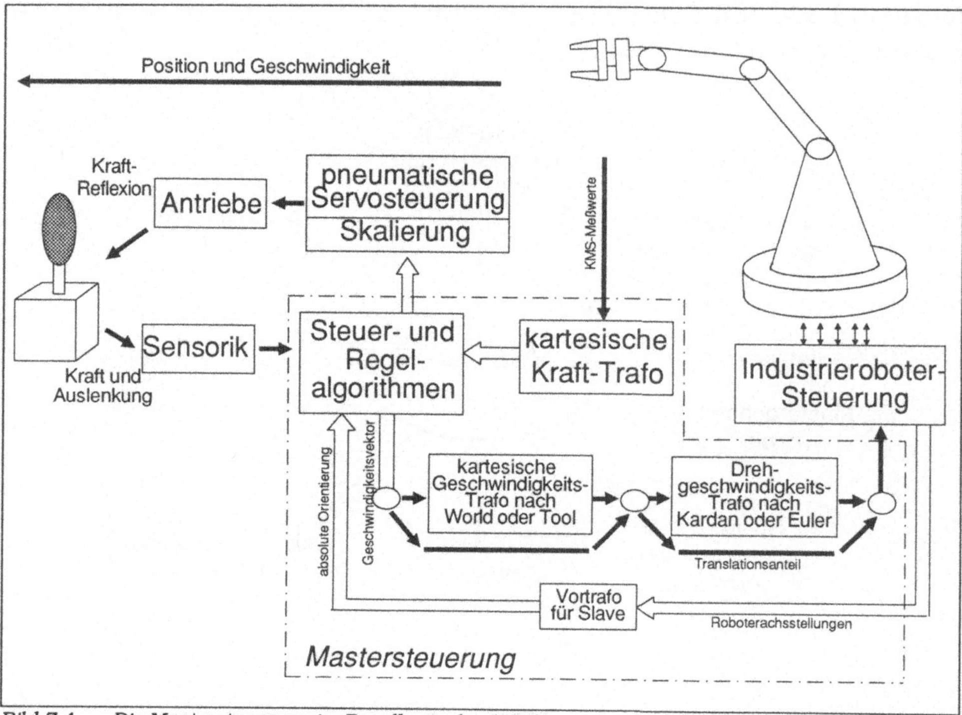

Bild 7.4   Die Mastersteuerung im Regelkreis des MSB's

Der Rückführungszweig mit den Meßwerten des KMS's kommt dann zur Geltung, wenn der Operateur den Slave-Endeffektor nicht im freien Raum bewegt, sondern mit Kontakt zu einer Oberfläche. Bei dieser Betriebsart werden die KMS-Signale herangezogen, um zum einen Stellsignale für die Masterantriebe zu erzeugen und zum anderen den Geschwindigkeitsvektor abermals derart zu korrigieren, daß zum einen Belastungsgrenzwerte nicht überschritten und zum anderen die vom Bediener vorgegebenen Kontaktkräfte eingehalten werden. Eine Überwachung der äußeren Belastung des Endeffektors soll immer wirksam sein. In zweiten Fall handelt es sich um eine Kraftregelung, wobei die KMS-Signale die Regelgröße und die Auslenkung des Handgriffes die Führungsgröße darstellen. Für die Kraftreflexion werden die am Slave-Endeffektor gemessenen äußeren Kräfte mit reduziertem Betrag über die pneumatische Servosteuerung auf die Masterantriebe gegeben. Die Durchführung der Kraftänderung am Slave-

Endeffektor geschieht wiederum über einen Geschwindigkeitsvektor, der allerdings gegenüber der freien Bewegungsführung stark reduziert ist. Der Verstärkungsfaktor der Geschwindigkeitsvorgabe bei der Kraftregelung wird bestimmt durch die Elastizität des Endeffektors. Das Verhältnis zwischen seiner Nachgiebigkeit und der des Handsteuergerätes kann einen Faktor von bis zu 300 aufweisen, der über die Geschwindigkeits-Verstärkung berücksichtigt werden muß.

Damit die Gewichtskräfte der Werkzeuge und der getragenen Objekte nicht die Stellwerte für die Kraftreflexion beeinflussen, müssen deren Gewichte online kompensiert werden. Dynamische Kräfte bei freier Bewegung des TCP könnten ebenfalls die Reflexionssignale verfälschen. Da der bedienergeführte Manipulatorbetrieb aber aus sicherheitstechnischen Gründen nur mit herabgesetzter Geschwindigkeit (<250mm/s) gefahren wird, können diese dynamischen Einflußgrößen vernachlässigt werden.

Ein weiterer Gesichtspunkt bei der Geschwindigkeitsvorgabe ist deren Anpassung an das Zielkoordinatensystem bzw. die Interpretationsweise der Slavesteuerung. Der Bediener des Handsteuergerätes erzeugt einen Geschwindigkeitsvektor bezogen auf ein raumfestes Koordinatensystem nach der Roll-Pitch-Yaw-Definition von Bild 7.2. Die Robotersteuerung AEG R500, die als erste Slavesteuerung für den Prototypen zum Einsatz kommt, interpretiert die über ihre SK-Schnittstelle eingelesenen Verfahr- und Drehgeschwindigkeiten in unterschiedlichen Koordinatensystemen. Verfahrgeschwindigkeiten werden entweder im Roboterbasis-Koordinatensystem (World-KOS) oder im mitbewegten Werkzeug-Koordinatensystem (Tool-KOS) durchgeführt während die Drehgeschwindigkeiten als Kardangeschwindigkeiten in den jeweiligen Zielkoordinatensystemen interpretiert werden. Die Drehgeschwindigkeiten werden in der Drehfolge Z-Y-X um mitbewegte Achsen ausgeführt. Der Bediener des universellen Master-Slave-Systems denkt aber in einem raumfesten Koordinatensystem, so daß die Mastersteuerung Geschwindigkeits-Transformationen in das Zielkoordinatensystem durchführen muß.

Insgesamt ist darauf zu achten, daß alle Teilfunktionen, die beim reinen bedienergeführten Betrieb bzw. MSB ablaufen müssen, mit minimaler Rechenzeit auskommen. Der Rechenzyklus des Masterrechners ist an den der IR-Steuerung anzupassen bzw. zu synchronisieren. Von Vorteil für die Güte des Nachfolgeverhaltens des Slaveroboters wäre es, wenn der Steuerungstakt des Masterrechners den der Slavesteuerung nicht übersteigt, d.h. in ein- und demselben Takt Istwert eingelesen, verarbeitet und neue Vorgaben übergeben werden könnten. In Anbetracht dieser Tatsache müssen die realzeitkritischen

Aufgaben der Mastersteuerung von einem geeigneten Mikrorechner in weniger als 40ms bearbeitet werden können.

Ferner muß eine Bedienoberfläche bereitstehen, die die Konfigurierung des Master-Slave-Betriebs (MSB) gestattet. Die als Slaves zum Einsatz kommenden Industrieroboter müssen dem Steuerrechner mit ihren wichtigsten kinematischen und dynamischen Größen bekannt gemacht werden. Daneben müssen auch Daten über die verwendete IR-Steuerung und die Kraft-Momentensensoren (KMS) dem Masterrechner bereitstehen. Um die Zahl der durch den Bediener unmittelbar zu betätigenden Freiheitsgrade auch reduzieren zu können, sollten einzelne Freiheitsgrade im Arbeitskoordinatensystem des Slaveroboters (Tool- oder World-KOS) gesperrt werden können, so wie es auch bei der Bedienung von Sensorkugeln üblich ist.

7.5 Schnittstellen

Bei der Betrachtung von Schnittstellen muß generell zwischen externen bzw. Hardware-Schnittstellen und internen bzw. Software-Schnittstellen unterschieden werden. Für den universellen Handsteuerbetrieb sind 4 Hardware-Schnittstellen zu bedienen, jeweils eine für die Verbindung der Manipulatoren mit ihren Steuerungen (1,4) und eine für die Kommunikation der beiden Steuerungen untereinander (3) (s.Bild 7.5). Da der Slave-Manipulator und sein KMS meist als getrennte Systeme behandelt werden, muß auch für den Anschluß des KMS eine eigene Schnittstelle bereitstehen (2).

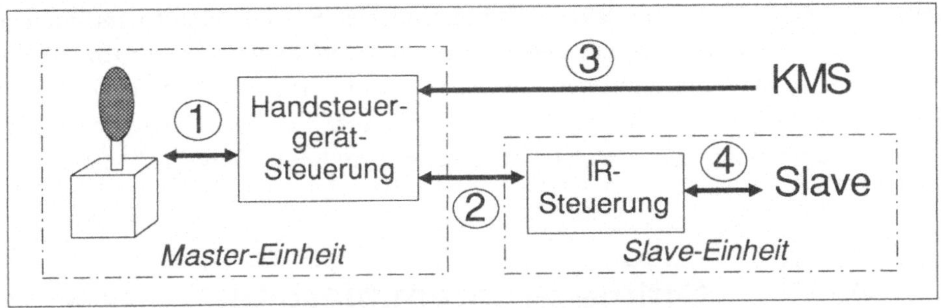

Bild 7.5 Hardware-Schnittstellen für eine universelle MS-Steuerung

Die Master-Einheit ist als Standardeinrichtung zu betrachten und ihre Schnittstelle (1) ist daher für die geplante Anwendung von geringerer Bedeutung. Die Slave-Einheit soll austauschbar sein, ihre Schnittstelle (4) ist herstellerabhängig und somit auch nebensächlich. Besondere Aufmerksamkeit muß dagegen der Rechnerkopplung von Master- und Slavesteuerung gewidmet werden (3). Unterschiedliche Slaveeinheiten sollen mit der universellen Mastereinheit koppelbar sein. Hierfür müssen einheitliche Rechner-Schnittstellen bereitstehen, die dasselbe Mediumzugriffsverfahren besitzen und mit denselben Protokollprozeduren arbeiten. Die Ankoppelung verschiedener Kraft-Momenten-Sensorsysteme (KMS) an die Master-Steuereinheit ist vorgesehen. KMS bieten zumeist 6 symmetrische analoge Spannungsausgänge mit +-10 Volt Wertebereich oder, wenn ein Sensorechner vorliegt, auch ein bitserielles Signal nach RS 232-Standard (s. auch Tab. 6.5).

Neben einer einheitlichen Rechnerschnittstelle ist auch ihre Realzeitfähigkeit von Bedeutung. Kurze Datentelegramme wie z.B. Roboterkoordinaten müssen im Takt des Steuerungszyklus übertragen werden. In Anbetracht dieser Forderung wäre eine Bus-Kopplung sehr von Vorteil, wird aber von den meisten

Robotersteuerungen noch nicht unterstützt. RS 232-Schnittstellen sind i.d.R. vorhanden und die Datenprotokolle meist in Anlehnung an die DIN-Empfehlung DIN 66019 realisiert.

Neben den Hardware-Schnittstellen sind auch die Software- bzw. internen Anwenderschnittstellen zu betrachten. Dieses um so mehr, je komfortabler und umfangreicher ein Master-Slave-Steuerungssystem aufgebaut sein soll. Im Bild 7.6 wird von 4 größeren Software-Modulen ausgegangen, die alle auf denselben Datenbestand zugreifen sollen. Da eine wichtige Betriebsart der Mischbetrieb ist, müssen Automatikbahnen jederzeit erzeugt und abgerufen werden können. Sie bilden den gemeinsamen Datenbestand, der von allen Planungsebenen aus zugänglich sein sollte. Bahnelemente können entweder im Playbackverfahren gewonnen oder offline mit einem Simulationssystem als Ablaufprogramme mit symbolisch definierten Punkten geplant werden. Die meist in einer Hochsprache formulierten Automatikbahnen müssen von einem Compiler in den steuerungsspezifischen Maschinencode übersetzt werden. Die noch leeren Punktelisten sind in der Betriebsart Teachen mit realen Koordinatenwerten zu füllen.

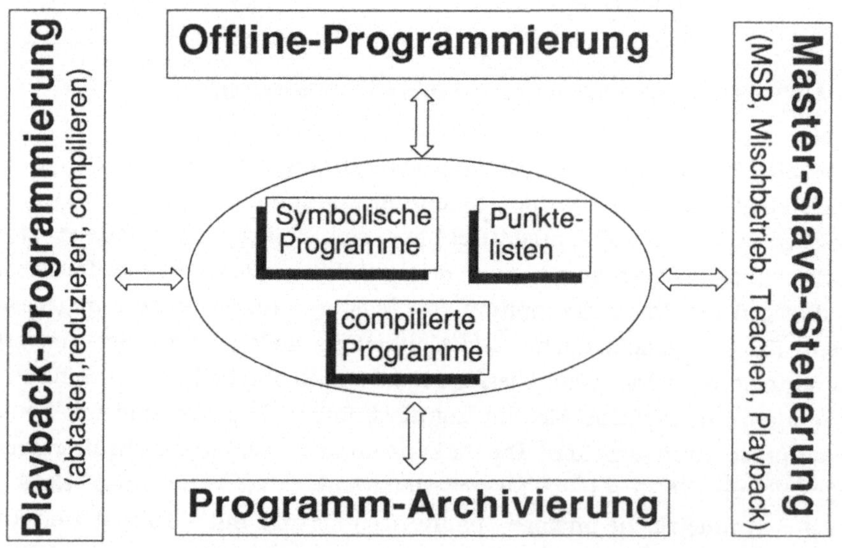

Bild 7.6   Anwenderschnittstellen zwischen verschiedenen Softwaremodulen, die mit auf dem Mastersteuerrechner implementiert werden könnten

8. Konzept und Realisierung des Universalmasters

8.1 Mechanik und Kinematik

Nach den Spezifikationen des vorausgehenden Kapitels muß der Universalmaster
als eine 6-achsige aktive Kinematik konzipiert werden. Um dem Grundgedanken
der modularen Bauweise nachzukommen, wird die Gesamtkinematik aufgeteilt in
einen Positionier- und in einen Orientierungsteil. Der letztere soll gemäß den
Voruntersuchungen als Kardangelenk konzipiert werden, um den Forderung
nach ungekoppelter Bewegungsvorgabe nachzukommen. Wichtig dabei ist, daß
der Schnittpunkt der Handachsen ungefähr im Mittelpunkt des Handgriffes zu
liegen kommt. Bei der Lagerung des inneren und äußeren Kardangelenks (Achse
4 und 6) gibt es prinzipiell 2 Möglichkeiten, eine symmetrische bzw. 2-Punkt-
Lagerung oder eine fliegende Lagerung. Die erstere ist gewählt worden zugunsten
einer steiferen Handkonstruktion und einer besseren Ausbalancierung der 4.
Achse. Der Positionierteil muß die drei Verschiebefreiheitsgrade in x-, y- und z-
Richtung bereitstellen. Hierfür ist ein kartesisches Achsensystem gewählt
worden, um insbesondere die Baugröße und den Aufwand für die
Gewichtskompensation der vertikalen z-Achse klein zu halten sowie einen
gleichförmigen Arbeitsraum zur Verfügung zu stellen. Das kinematische
Ersatzmodell des somit entstandenen Handsteuergerätes zeigt Bild 8.1.

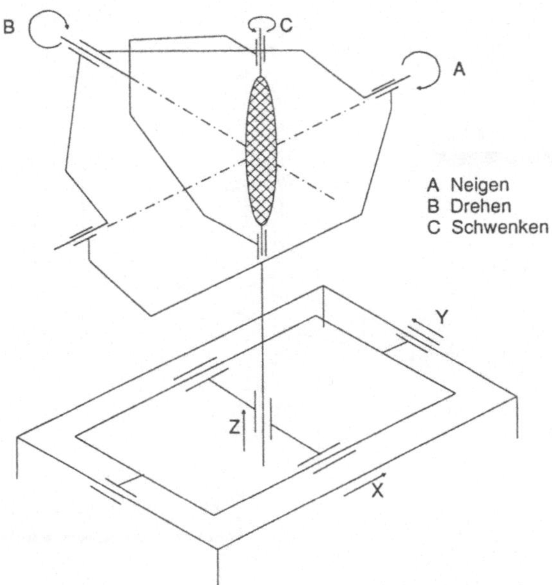

Bild 8.1   Kinematisches Ersatzmodell vom universellen Handsteuergerät

Um eine hohe Leichtgängigkeit der Mechanik zu erzielen, müssen gerade die Führungen des Positionierteils reibungsarm gestaltet werden. Da jede Achse das Gewicht der nachfolgenden trägt, summieren sich die Traglasten der Lagerungen in Richtung der Gerätebasis. Um das Ziel des isotropen Bewegungsverhaltens erreichen zu können, müssen die Reibungskoeffizienten der Lagerungen in Richtung der Gerätebasis in gleichem Maße kleiner werden, wie die Traglasten zunehmen. Durch Einsatz von Hochpräzisionslagern und durch hohe Fertigungsgenauigkeit gerade bei Parallelführungen kann dieser Tatsache Rechnung getragen werden.

Die Handachsen sollen im Idealfall ausbalanciert sein, was eine gleichmäßige Gewichtsverteilung um die Drehachsen verlangt. Bei Achse 5 und 6 kann diese Forderung in etwa eingehalten werden. Achse 4 stellt dagegen eine Ausnahme dar; sie kann nicht mechanisch mit einem Gegengewicht ins Gleichgewicht gebracht werden, da das Zentrum des Handgriffes im Schnittpunkt der Drehachsen liegen muß. Eine Verlängerung der Achse in entgegengesetzter Richtung würde auch die Zugänglichkeit des Handgriffes beeinträchtigen. Stattdessen empfiehlt es sich, die Antriebe in Abhängigkeit der Achsstellung mit einem Ausgleichsmoment zu beaufschlagen, was in Bild 8.2 anhand einer Momentenbilanz grafisch dargestellt ist. Das resultierende Moment aus Gewichtsmoment M_G, Federmoment M_C und aufzubringendem Motormoment M_M soll ein mit der Achsauslenkung proportionales Rückstellmoment M_R ergeben. Bei Kraftreflexion erhöht sich M_R noch um M_K.

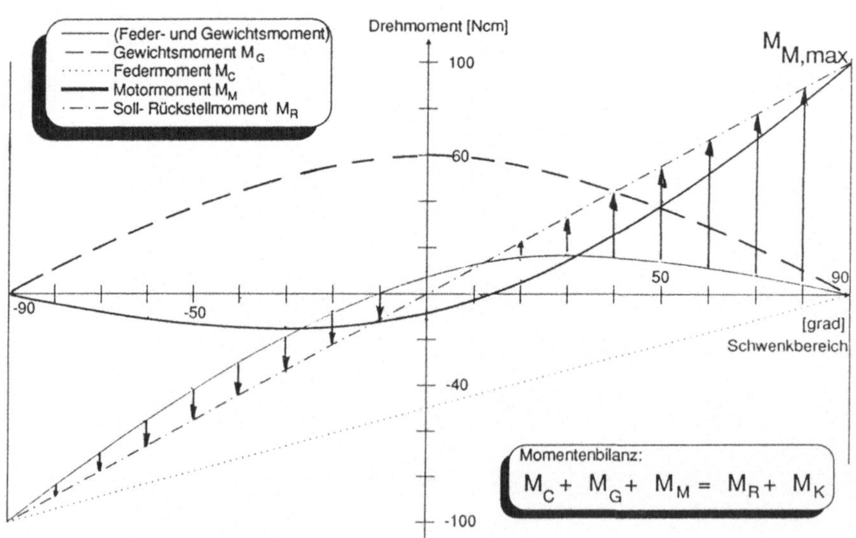

Bild 8.2   Momentendiagramm am Bsp. der 4.Achse (Gieren)

Der Gewichtsausgleich der Z-Achse, die die gesamte Handeinheit trägt, geschieht mit mechanischen Federn. Aufgrund der hohlen Dreibeinkonstruktion ist genügend Platz vorhanden, um mehere Zugfedern im Inneren der Z-Führung anzuordnen. Sie sind leicht austausbar und können jederzeit an veränderte Gewichtsverhältnisse der Handeinheit angepaßt werden.

Für den Aufbau der Kraftreflexionseinrichtung werden alle Achsen mit pneumatischen Antrieben ausgestattet. Parallel zu den horizontalen Verschiebefreiheitsgraden X und Y werden je zwei doppeltwirkende Miniaturzylindern angebracht, um ein Verkanten der X- und Y-Schlitten vorzubeugen. Die Z-Achse ermöglicht aufgrund der hohlen Dreibeinkonstruktion die Integration eines doppeltwirkenden Zylinders genau in ihr Zentrum. Die Drehachsen werden, wie es die Antriebsuntersuchungen des Kapitels 6.5.3 empfehlen, alle mit Miniaturschwenkantrieben ausgestattet. Sie werden zusammen mit einem flachen Hohlwellen-Drehgeber direkt auf die Handachsen angeflanscht. Die oben erwähnte symmetrische Lagerungsausführung bei der 4. Achse ermöglicht, die Antriebsleistung für diese Achse zu verdoppeln. Eine höhere Antriebsleistung ist hierbei sehr von Vorteil, um die Momente für den Ausgleich der asymmetrischen Gewichtsverteilung gemäß Bild 8.2 bereitzustellen. Als Rückkopplungskräfte bzw. -momente sollen in den jeweiligen Achsen maximal +/- 15N bzw. +/- 0,5Nm erzeugt werden, was ungefähr den dort wirkenden Neutralisationskräften entspricht.

Die Selbstneutralisationscharakteristik kann wahlweise über die Pneumatikantriebe und/oder über mechanische Federrückstellungs- mechanismen erzeugt werden. Steht keine Luftversorgung zur Verfügung und wird auch keine Kraftreflexion erwünscht, so sorgen zumindest mechanische Federelemente (Schenkelfedern für die Drehachsen und Zugfedern für die Translationsachsen) für die Aufrechterhaltung der Mittenzentrierung. Die pneumatische Mittenzentrierung kann dagegen nur mit einem entsprechenden Steuerprogramm realisiert werden und dieses erfordert das Messen aller Achspositionen. Mechanische und pneumatische Rückstellung ergeben zusammen ein sehr starkes Neutralisationsverhalten, daß zudem noch softwaremäßig genau abgeglichen und skaliert werden kann.

Die Ausschläge aller Achsen werden direkt gemessen, die der Translationsachsen über lineare Leitplastik-Potentiometer, die der Drehachsen über inkrementelle Hohlwellendrehgeber.

Das Handsteuergerät ist in einen Tisch derart integriert, daß nur noch sein Handgriff herausragt. Damit dient die Tischfläche gleichzeitig als Arm- und Handabstützung. Durch eine Höhenverstellbarkeit des Tisches kann der Handgriff an die jeweilige Bedienhaltung des Operateurs (Sitzen oder Stehen) angepaßt werden. Insgesamt gesehen handelt es sich bei dem Prototypen um eine relativ steife und noch schwere Ausführung, bedingt durch die verwendeten Standardkomponenten und die noch nicht gewichtsoptimierten Achsglieder. Bild 8.3 zeigt eine 3D-Gesamtansicht vom Universalmaster, eingebaut in einen verfahrbaren und höhenverstellbaren Tisch.

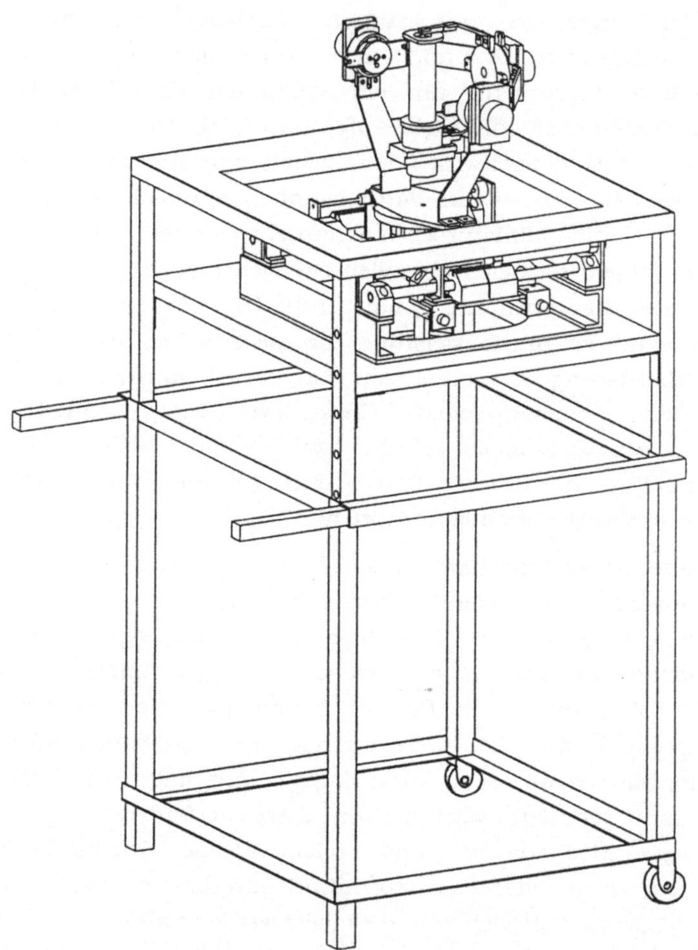

Bild 8.3   3D-Ansicht des Universalmasters, eingebaut in einen verfahrbaren und höhenverstellbaren Tisch (erstellt mit CAD-System Proren/Isykon)

8.2 Kraftreflexions-Einrichtung

Kraftreflexion wird beim universellen Master-Slave-Betrieb in Verbindung mit einem Kraft-Momenten-Sensor(KMS) und pneumatischen Antrieben realisiert. Der KMS wird zwischen Werkzeug und Endeffektor des Slaveroboters montiert und liefert entsprechend seiner Belastung Kraft- und Momentensignale bezogen auf sein Zentrum. Die pneumatischen Antriebe in allen sechs Achsen des Handsteuergerätes erzeugen die Kraftreflexionskräfte und -momente im Handgriff. Als Pneumatikantriebe sind für die Translationsachsen doppeltwirkende Miniaturzylinder und für die Handachsen Miniaturschwenkantriebe gewählt worden. Die Antriebe erzeugen proportional zu der Belastung des Kraft-Momentensensors variable Kräfte und Momente. Für die Ansteuerung der Pneumatikantriebe bieten sich Druckregelventile an, die proportional einer analogen Spannung einen variablen Druck erzeugen. Sie gibt es als Steuerglieder zur reinen Einstellung des Ausgangsdruckes oder als Regelglieder mit interner Rückführung des Ausgangsdruckes, wobei die erste Ausführung für diese Anwendung ausreichend ist. Vielmehr kommt es auf die Dynamik des Ventils an. Die Kraftreflexion soll möglichst schnell im Bedienerhandgriff erzeugt werden. Druckregelventile gibt es je nach Bauart mit Zeitkonstanten bis zu 50 ms herab. Die schnellen Bauformen funktionieren meist nach dem Düse-Prallplatten-System. Da die Signalverarbeitung und Kraftregelung auf einem Digitalrechner (PC-AT 286) abläuft, muß dieser analoge Steuerspannungen bereitstellen. Die optimale Anpassung der elektrischen Stellsignale an die geforderten Druckbereiche der Antriebe gewährleisten verstellbare Ventilkennlinien. Regelventile haben i.a. eine integrierte Steuerelektronik, mit deren Hilfe die Steigung und der Nullpunkt der Kennlinie sowie ihr Ansprechverhalten eingestellt werden.

Bild 8.4 zeigt zwei Möglichkeiten für den Aufbau der pneumatischen Steuerung am Beispiel einer Translationsachse. In Variante a sind zwei Druckregelventile vorgesehen, um den Kolben des doppeltwirkenden Zylinders separat von beiden Seiten mit variablem Druck zu beaufschlagen. Der Vorteil dieser Anordnung gegenüber der Kombination von nur einem Druckregelventil mit einem 5/3-Wegeventil (Variante b) ist, daß im kraftlosen Zustand der Kolbenstange die beiden Kammern A und B vorgespannt werden können, was einerseits die Hysterese des Kolbenantriebes vermindert und andererseits keine Schaltvorgänge für Richtungswechsel notwendig macht.

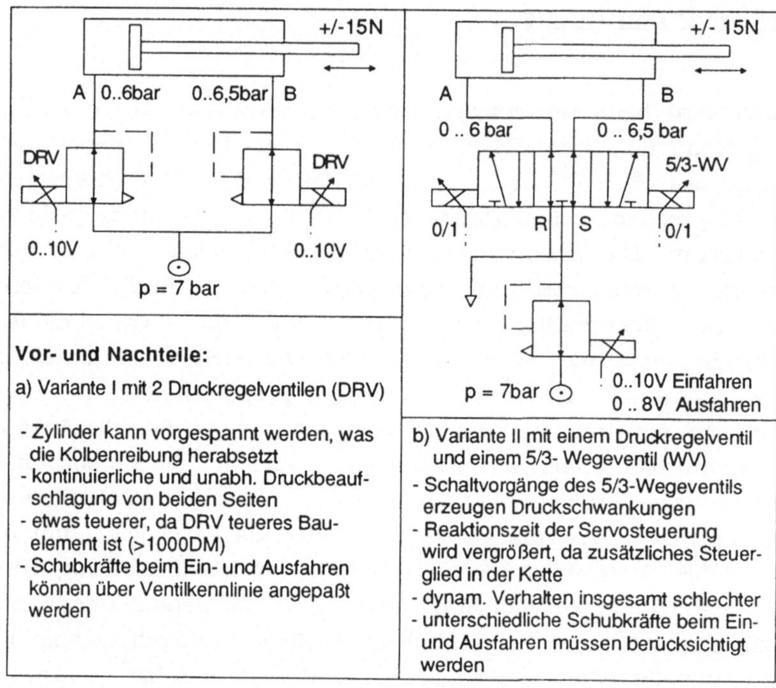

Bild 8.4   Zwei prinzipielle Aufbauten einer pneumatischen Steuerung für die Kraftreflexion

Als Steuerspannung für die Kraftvorgabe auf eine Achse bietet sich eine bipolare Spannung z.B. ±10V an. Über 6 D/A-Kanäle werden somit 12 Druckregelventile kontinuierlich gesteuert. Da die Proportionalventile nur mit positiver Spannung betrieben werden können, müssen die negativen Anteile der bipolaren Steuerspannungen nach der Verzweigung zu positiven invertiert werden. Diese Invertierung kann im einfachsten Fall mit sechs Operationsverstärkern durchgeführt werden. Der Signalflußplan für die Ansteuerung einer Bewegungsachse ist in Bild 8.5 dargestellt.

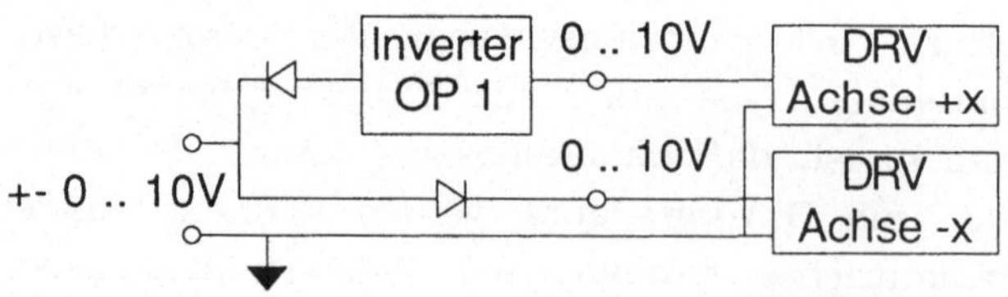

Bild 8.5   Analogschaltung zur Ansteuerung der zwei Druckregelventile einer Bewegungsachse

8.3 Die Steuerung

8.3.1 Hardware-Konfiguration

Die Steuerung des universellen Handsteuergerätes teilt sich auf in einen analogen pneumatischen Teil, der im vorhergehenden Kapitel erläutert wurde, sowie einen digitalen Teil, der im folgenden beschrieben wird. Hauptaufgabe des Digitalrechners ist der Ausgleich der kinematischen und dynamischen Unterschiede zwischen Handsteuergerät und Zielroboter und die Generierung des Geschwindigkeitsvektors sowie der Stellsignale für die Kraftreflexion. Diese Aufgabe übernimmt im ersten Teststadium ein IBM-PC-AT 286 mit dem Betriebssystem MS-DOS. Ein PC bietet den Vorteil der variablen Konfigurierbarkeit und insbesondere eine komfortable Entwicklungsumgebung, wie sie z.B. mit Turbopascal 5.0 gegeben ist. Zudem stellt er die billigste Lösung für einen Steuerrechner dar, und das Betriebssystem DOS besitzt sogar eingeschränkte Realzeitfähigkeiten. Bild 8.6 zeigt die Hardwarekonfiguration für den universellen Master-Slave-Betrieb.

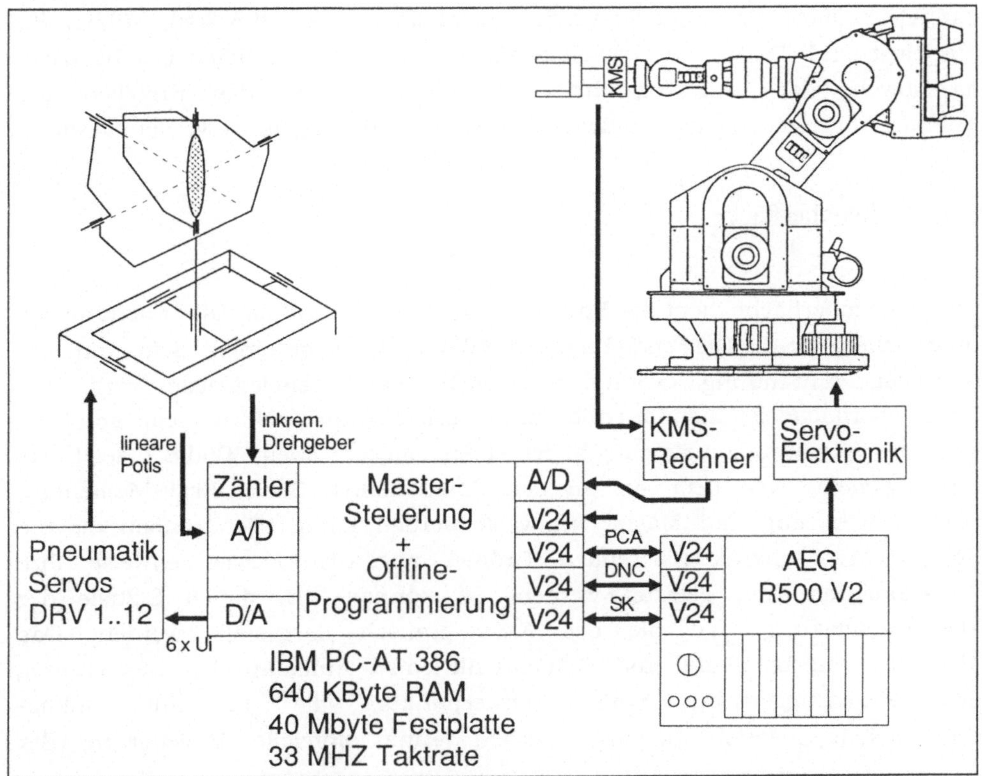

Bild 8.6   Hardware-Konfiguration des realisierten universellen MSB (DRV = Druckregelventil)

Der Master-Steuerrechner hat verschiedene Schnittstellen zur Peripherie. Eine Zählerkarte bereitet die Impulsfolgen der inkrementellen Drehgeber auf, während die Stellungen der Linearpotentiometer über Analog-Digitalwandler (A/D) eingelesen werden. Die Ausgabe der Stellsignale an die Druckregelventile geschieht in umgekehrter Weise mit Digital-Analog-Wandlern (D/A). Für die Kommunikation mit der AEG-Robotersteuerung R500 werden zwei V24-Schnittstellen bedient. Über die DNC-Schnittstelle werden die Achsstellungen des Roboters ausgelesen und über die Sensorkugel(SK)-Schnittstelle die Sollgeschwindigkeiten übertragen. Für das Einlesen der KMS-Signale müssen je nach KMS-Typ analoge oder serielle Schnittstellen bereitstehen. Bevorzugt wird das analoge Einlesen der KMS-Signale, was i.a. schneller abläuft trotz zusätzlich benötigter Rechenleistung für die anschließende Aufbereitung der KMS-Signale. Um genügend V24-Schnittstellen zur Bedienung der Peripherie zur Verfügung zu haben, wird eine 4-fach serielle Schnittstellenkarte eingesetzt. Anhang B enthält die Zusammenstellung der verwendeten AT-BUS Karten einschließlich ihrer Konfiguration.

Ein weiterer Grund für die Wahl eines PC's als Steuerrechner ist die Tatsache, daß viele Offline-Programmiersysteme ebenfalls für den IBM-kompatiblen PC ausgelegt sind. Dieser Sachverhalt begünstigt den beabsichtigten Mischbetrieb, da sowohl der bedienergeführter Betrieb als auch das Erstellen der Automatikbahnen an ein- und demselben Rechner durchgeführt werden kann.

8.3.2 Bedienoberfläche

Die Bedienoberfläche dient der Entwicklung, dem Test und der Überwachung des universellen MSB. Die endgültige Oberfläche wird abhängig sein von der speziellen Anwendung, worauf hier nicht näher eingegangen wird. Die Bedienoberfläche ist menüorientiert und besitzt Baumstruktur. Jede am MSB beteiligte Hardwarekomponente bildet einen eigenen Zweig. Bild 8.7 zeigt das Eingangsmenü, von dem aus zu den Komponenten Slave, Kraft-Momenten-Sensor, Werkzeug und Master verzweigt werden kann. Hier können die die Komponenten charakterisierenden Größen abgerufen sowie teilweise ihre Funktionstüchtigkeit getestet werden. So können z.B. die 6 Signale der Masterauslenkung und die des KMS grafisch dargestellt werden. Das Werkzeugmenü beinhaltet zusätzlich eine Aktion zur automatischen Bestimmung des Werkzeuggewichts und -schwerpunkts, die für die online-Gewichtskompensation benötigt werden. Eine sinnvolle Erweiterung der

Steuerungssoftware wäre eine Editierfunktion. Damit könnten Komponentendaten geändert, alte Komponenten entfernt sowie neue hinzugefügt werden.

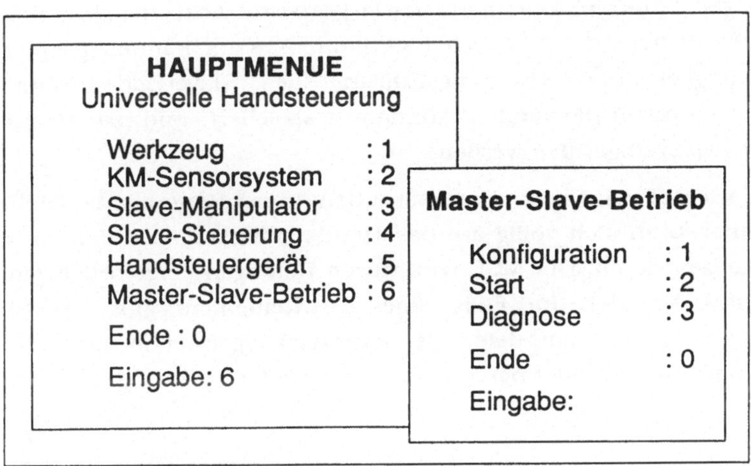

Bild 8.7   *Bedienoberfläche für den universellen MSB.*

Ein anderer Zweig führt zum MSB-Fenster. Bevor der eigentliche MSB gestartet wird, sollte seine Konfiguration nochmals überprüft werden. In der Konfigurationsmaske nach Bild 8.8 wird der Zielroboter, der KMS sowie das

Master-Slave-Betriebs-Konfiguration

1. Slave:	Manipulator	: KUKA-Knickarm 160/45
	Steuerung	: AEG R500-V2
	Bezugs-KOS	: world
2. Werkzeug:	Typ	: Greifer
	Gewichtsbestimmung	: OK
3. KMS:	Typ	: Hitachi
4. Master:	Schwelle	: 5
	Kennlinie	: linear
	Kraftreflexionsfaktor	: mittel
	Lage zu Slave	: vorn
5. MSB:	Filtertyp	: trans
	Dominanz	: ja
	gesperrte Achsen	: keine
	Kraftüberwachung	: ja
	Bereichsüberwachung	: ja

Bild 8.8   *Maske zum Konfigurieren des MSB.*

Werkzeug ausgewählt, woraufhin die kinematischen, dynamischen und geometrischen Daten dieser Komponenten geladen und dem Steuerungskern zur Verfügung gestellt werden. Die Bedienerführung des Slaves kann über die Einstellungen Filtertyp, Dominanz sowie gesperrte Achsen manipuliert werden. Einzelne Freiheitsgrade im Arbeitskoordinatensystem können gesperrt werden. Die Genauigkeit der Bewegungsführung des Slave-Endeffektors wird so verbessert. Konfigurationsdaten können gespeichert und zu einem späteren Zeitpunkt wieder abgerufen werden.

Während des MSB wird keine Bedieneraktion an der Benutzeroberfläche verlangt. Der Bediener kann sich völlig auf das Handsteuergerät und den zu steuernden Roboter konzentrieren. Der MSB wird durch Betätigen einer beliebigen Taste auf der Tastatur beendet. Im Falle eines Laufzeitfehlers gibt das System ein Diagnosefenster aus, in dem die zuletzt ausgelesenen und berechneten Systemdaten sowie Fehlermeldungen der Robotersteuerung zusammengestellt sind.

8.3.3 Software-Architektur und -Module

Die Steuerungsaufgaben können in drei Bereiche untergliedert werden; zum einen die Signalaufbereitung der Master-, Slave- und KMS-Signale, zweitens die Manipulation des Geschwindigkeitsvektors und drittens die Kommunikation mit der Zielsteuerung, einer industriellen Robotersteuerung. Alle Aufgaben werden in Turbopascal 5.0 formuliert, wobei realzeitkritische Routinen interruptgesteuert ausgeführt werden. Die Ein- und Ausgabe von analogen Spannungen geschieht durch direkte Portadressierung und läuft damit relativ schnell ab.

Die Manipulation des vom Handsteuergerät vorgegebenen Geschwindigkeitsvektors ist abhängig von der Bewegungsführung. Bei freier Bewegungsführung ohne Kontakt des Slaves zur Umgebung wird die Geschwindigkeit derart manipuliert, daß der Roboter nicht in seine Achsgrenzen hineinfährt. Dazu wird vor den Achsgrenzen ein Sicherheitsbereich von wenigen Grad definiert. Tritt eine Achse in diesen Sicherheitsbereich ein, wird der Geschwindigkeitsvektor zu Null gesetzt und im Master Kraftreflexion in entgegengesetzter Richtung erzeugt. Der Bediener spürt dadurch die Raumgrenzen rechtzeitig und kann ihnen ausweichen.

Bei der Bewegungsführung des Slaves mit Kontakt zur Umgebung werden die Signale des KMS gemäß Bild 8.9 mit in die Geschwindigkeitsrechnung einbezogen. Nach Normierung und Transformation der Kräfte bzw. Momente in das Ziel-Koordinatensystem werden diese von den ebenfalls normierten

Geschwindigkeitsvorgaben des Masters abgezogen. Die verbleibende Differenzgeschwindigkeit wird je nach vorliegenden Nachgiebigkeiten von Roboter, Werkzeug und Umgebung weiterhin reduziert, bevor sie an die Robotersteuerung übertragen wird. Bei der Transformation ins Ziel-Koordinatensystem handelt es sich um eine kartesische Krafttransformation, wie sie im Anhang A5 beschrieben ist. Je nach Interpretationsweise der Sensor-Schnittstelle der Robotersteuerung können noch weitere Geschwindigkeitstransformationen notwendig werden. Im Falle der AEG-Steuerung muß der raumfeste Drehgeschwindigkeitsvektor in Kardangeschwindigkeiten umgerechnet werden (s. Anhang A4).

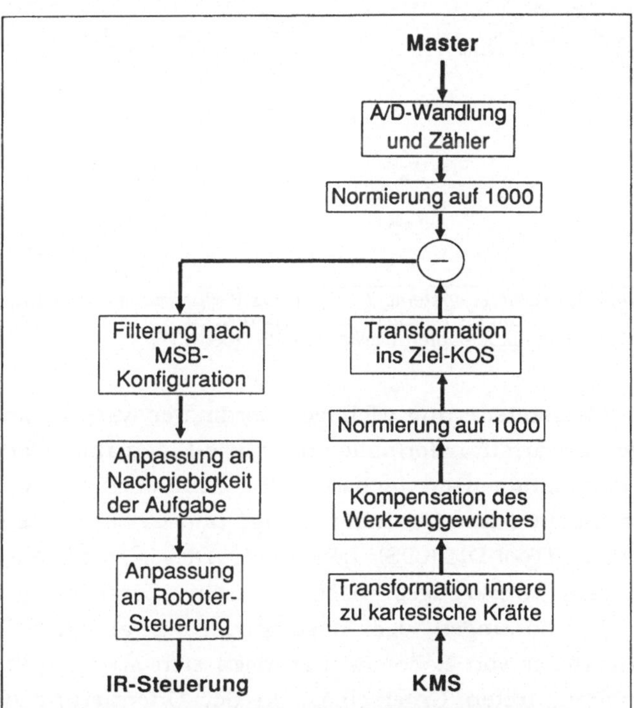

Bild 8.9 Funktionsprinzip der Kraftsteuerung bei Werkzeugkontakt des Slaves mit der Umgebung.

Beim Verfahren des Endeffektors in raumfesten Koordinaten werden die Kraft-Momentenwerte von dem mitbewegten KMS-Koordinatensystem(KOS) in ein raumfestes System transformiert. Damit über die Hebelarme der Manipulatorglieder die Momentenanteile betragsmäßig nicht vergrößert werden, wird das raumfeste Basis-Koordinatensystem in das Zentrum des KMS gelegt. Die für die Krafttransformation benötigte Transformationsmatrix reduziert sich damit zu einer reinen Orientierungsmatrix. Bild 8.10 zeigt die Lage der 2 wesentlichsten

Ziel-Koordinatensysteme (World- und Tool-KOS) und die vorliegenden Kraftverhältnisse beim Verfahren des Slaves mit Kontakt zur Umgebung.

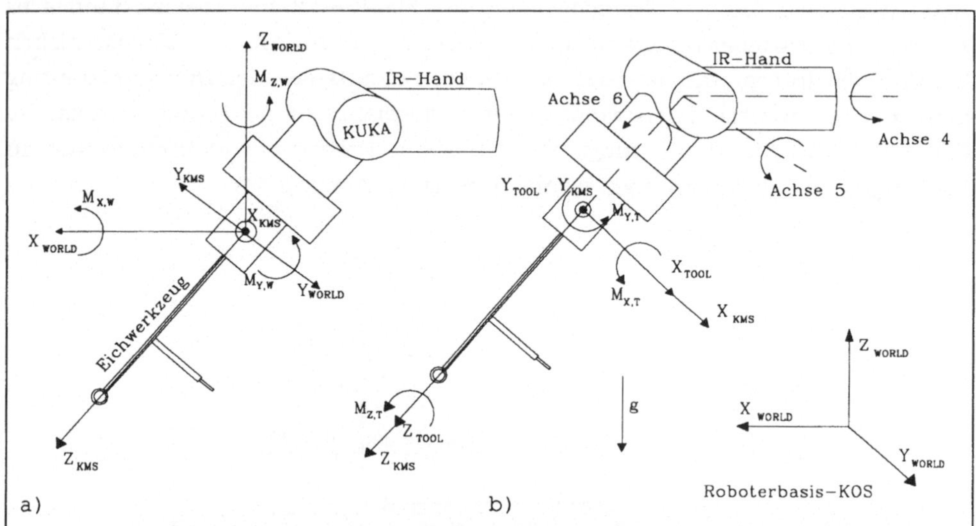

Bild 8.10   Relevante Koordinatensysteme (KOS) für das Verfahren des Slave-Endeffektors
a) Verfahren im raumfesten Basis-KOS (World-KOS)
b) Verfahren im mitbewegten Werkzeug-KOS (Tool-KOS)

Weitere für die Mastersteuerung wichtige Koordinatensysteme sind in Bild 8.11 angedeutet. Die Vorwärtstransformation der Slave-Kinematik liefert ein Frame im Schnittpunkt der Handachsen (Achse6-KOS). Von dort aus wird durch eine konstante Verschiebung und Verdrehung Lage und Orientierung des Werkzeug-Koordinatensystem (Tool-DH-KOS) berechnet. Dieses wird entweder in den Eingriffspunkt des Werkzeuges oder in sein Zentrum gelegt. Da die kinematischen Berechnungen der Mastersteuerung auf der DH-Konvention beruhen, die Hersteller von Robotersteuerungen sich aber an diese Konvention nicht immer halten, treten Unterschiede in der Orientierung der wichtigsten Bezugskoordinatensysteme zwischen Master- und Robotersteuerung auf, die bei der Übergabe des Geschwindigkeitsvektors berücksichtigt werden müssen. Die Umrechnung der im KMS-KOS gemessenen Kräfte in das Tool- oder Achse6-KOS geschieht mit einer kartesischen Krafttransformation gemäß Anhang A5.

Damit nur äußere Kräfte in die Lastbeurteilung einfließen, muß das Gewicht des Endeffektors - alles, was hinter dem KMS noch angeflanscht ist - kompensiert werden. Diese Kompensationsrechnung ist abhängig von der momentanen Roboterstellung und muß deshalb in jedem Master-Steuerzyklus neu berechnet werden. Sie beruht ebenfalls auf einer kartesischen Krafttransformation gemäß

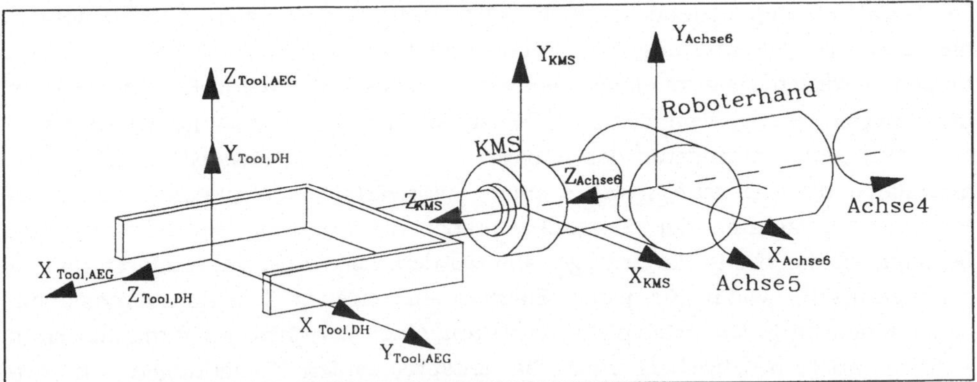

Bild 8.11 *Für die Mastersteuerung relevante Koordinatensysteme in der Roboterhand.*

Anhang A5, wobei die im Roboterbasis-Koordinatensystem konstanten Gewichtskräfte und -momente des Werkzeuges in das aktuelle KMS-KOS transformiert werden. Der Rechengang gestaltet sich folgendermaßen:

Gewichtskräfte und -momente des Werkzeuges in Nullstellung bezogen auf das Basis-KOS schreiben sich zu

$$^{Basis}f^0_{Gew} = (0,0,-M\ g)\ ;\ ^{Basis}m^0_{Gew} = r_s\ x\ ^{Basis}f^0_{Gew},\qquad(22)$$

mit r_s als Werkzeugschwerpunktsvektor in KMS-Koordinaten und der Werkzeugmasse M . Ist in der Roboter-Nullstellung das KMS-KOS parallel zum Basis-KOS, so sind die Gewichtskräfte und -momente bezogen auf beide Koordinatensysteme identisch. Bei beliebiger Orientierung des Endeffektors ergeben sich die Gewichtskräfte und -momente in KMS-Koordinaten zu

$$^{KMS}f_{Gew}(\varphi_i) = R^{-1}\ ^{Basis}f^0_{Gew}\ ;\ ^{KMS}m_{Gew}(\varphi_i) = R^{-1}\ ^{Basis}m^0_{Gew},\qquad(23)$$

wobei R für eine 3x3-Rotationsmatrix steht, die die Orientierung des Endeffektors beschreibt. Da die in der Mastersteuerung geführte Rotationsmatrix die Verdrehung des Endeffektors gegenüber dem Basis-Koordinatensystem beschreibt, für die Krafttransformation jedoch die Verdrehung des Basis-KOS gegenüber dem KMS-KOS benötigt wird, geht die zugehörige Krafttransformationsmatrix aus einer Invertierung der Rotationsmatrix R hervor. Die von außen auf den Endeffektor einwirkenden Kräfte ergeben sich durch Subtraktion der berechneten Gewichtskräfte von den gemessenen Kräften.

$$^{KMS}f_{ext}(\varphi_i) = {}^{KMS}f_{mess}(\varphi_i) - {}^{KMS}f_{Gew}(\varphi_i)\ ;$$
$$^{KMS}m_{ext}(\varphi_i) = {}^{KMS}m_{mess}(\varphi_i) - {}^{KMS}m_{Gew}(\varphi_i)\ .\qquad(24)$$

Die Gewichtskompensation sowie die kartesische Krafttransformation benötigen die absolute Orientierung des Slave-Endeffektors. Hier boten sich zwei Vorgehensweisen an: zum einen das direkte Auslesen der World-Koordinaten von der Slavesteuerung, womit die TCP-Position und seine absolute Orientierung vorliegen, und zum anderen das Auslesen der einzelnen Achsstellungen und die anschließende Durchführung einer Vorwärtstransformation. Da die Bereichsüberwachung der Slaveachsen aber die Kenntnis der Achstellungen benötigt, ist die zweite Variante gewählt worden. Die Vorwärtstransformation ist slavespezifisch, womit für jeden Slavetyp ein eigenes Transformationsmodul bereitstehen muß. Die prinzipielle Herleitung einer Vorwärtstransformation ist in Anhang A6.1 beschrieben und die entsprechenden Gleichungen für den speziellen Slave KUKA 160/45 sind in Anhang A6.2 aufgelistet.

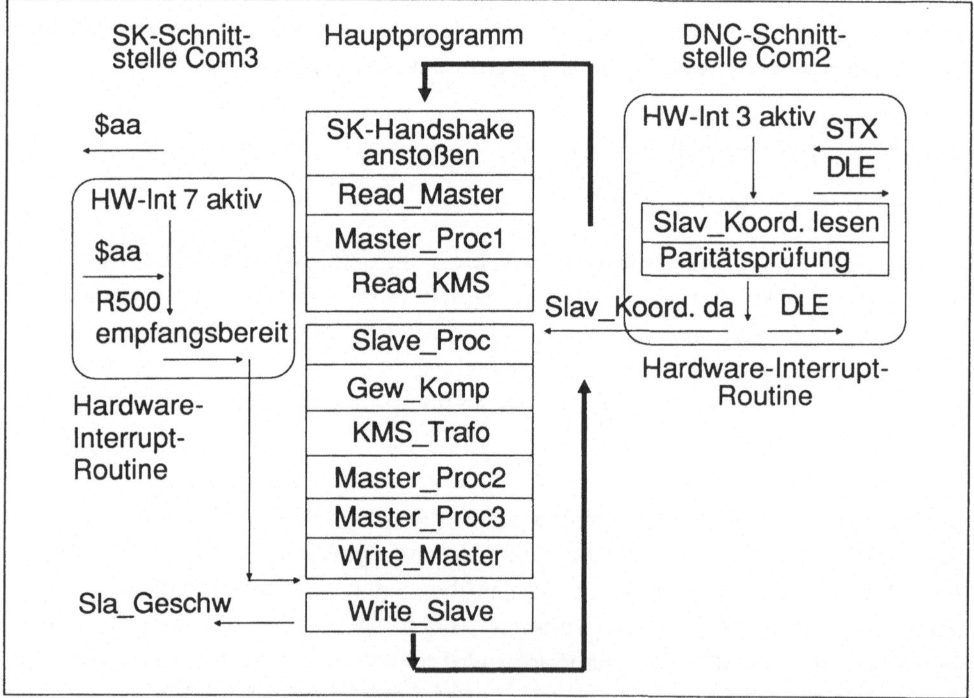

Bild 8.12   Steuerzyklus des universellen MSB mit Hardware-Interrupt-Mechanismen und zyklischer Koordinatenübertragung.

Bild 8.12 zeigt den Steuerungskern, der pro Takt durchlaufen wird, und veranschaulicht den quasiparallelen Ablauf der Hardware-Interrupt-Routinen zum Hauptprogramm. Die Interrupt-Routinen stellen zyklisch zum einen dem Hauptprogramm die aktuellen Roboterkoordinaten über die DNC-Schnittstelle bereit und übertragen zum anderen den fertig manipulierten Geschwindigkeitsvektor über die SK-Schnittstelle an die Robotersteuerung. Hardware-Interrupt bedeutet dabei, daß ein Verarbeitungsprogramm erst bei einem Hardware-Ereignis, wie z.B. dem Eintreffen eines Kommunikations-Bytes ($STX, $aa), gestartet wird. Bei einer Telegrammübermittlung wird somit nur Rechenzeit für das Ein- bzw. Auslesen der Sende- bzw. Empfangspuffer beansprucht, nicht aber für die Gesamtzeit der Übertragung. Das Hauptprogramm wird also nur kurzfristig unterbrochen und Warteschleifen können entfallen. Diese Methode der Schnittstellen-Programmierung gibt gerade bei langsamen Übertragungsraten viel Rechenzeit frei.

Die Dauer des Master-Steuerzyklus hängt ab von der nach Bild 8.8 eingestellten MSB-Konfiguration. Bild 8.13 stellt die Zykluszeiten, die bei verschiedenen MSB-Konfigurationen benötigt werden, einander gegenüber. Die schnellste Zykluszeit ergibt sich bei direkter Weitergabe des Geschwindigkeitsvektors an die Slavesteuerung ohne Bereichsüberwachung der Slaveachsen und Erzeugung einer Kraftreflexion. Diese Betriebsart wird durch die linke Säule dargestellt. Ihre Zykluszeit liegt mit 25ms innerhalb der Zykluszeit der Slavesteuerung und erlaubt damit einen MSB mit minimaler Verzögerung. Die mittlere Säule beinhaltet das Auslesen der Slave-Achsstellungen und die Manipulation des Geschwindigkeitsvektors für die Bereichsüberwachung. Diese Betriebsart erhöht den Master-Steuerzyklus gegenüber der ersten Betriebsart um mehr als das Doppelte und führt dazu, daß nur alle zwei Slave-Steuerungstakte eine neue Geschwindigkeitsvorgabe erfolgen kann. Die dritte Betriebsart, die bezüglich ihres Rechenzeitbedarfs in der rechten Säule dargestellt ist, beinhaltet zusätzlich noch die Erzeugung der Kraftreflexion und die Manipulation des Geschwindigkeits-vektors für die Kraftüberwachung des Slave-Endeffektors. Diese Betriebsart benötigt mit ca. 70ms die meiste Rechenzeit und gestattet damit die Vorgabe eines Geschwindigkeitsvekors auch nur zu jedem zweiten Slave-Steuerungstakt.

Der Rechenzeitbedarf für den Master-Steuerzyklus hängt desweiteren von dem im MSB-Konfigurationsmenü angewählten Arbeits-Koordinatensystem (KOS) ab, in dem der Endeffektor verfahren wird. Eine Bedienerführung in World-Koordinaten ist am rechenintensivsten, da hierbei die Kraft- und Momentenwerte vom KMS- in das Roboterbasis-KOS transformiert werden müssen. Minimaler Rechenbedarf ergibt sich, wenn auf die Bereichsüberprüfung der Roboterachsen verzichtet und als Arbeits-KOS das Tool-System gewählt wird. In diesem Fall könnte die Roboterposition gleich in World-Koordinaten ausgelesen werden, was die Vorwärtstransformation für den Slave und die kartesische Krafttransformation erübrigen würde. Die geringste Taktzeit für die Mastersteuerung wird von der

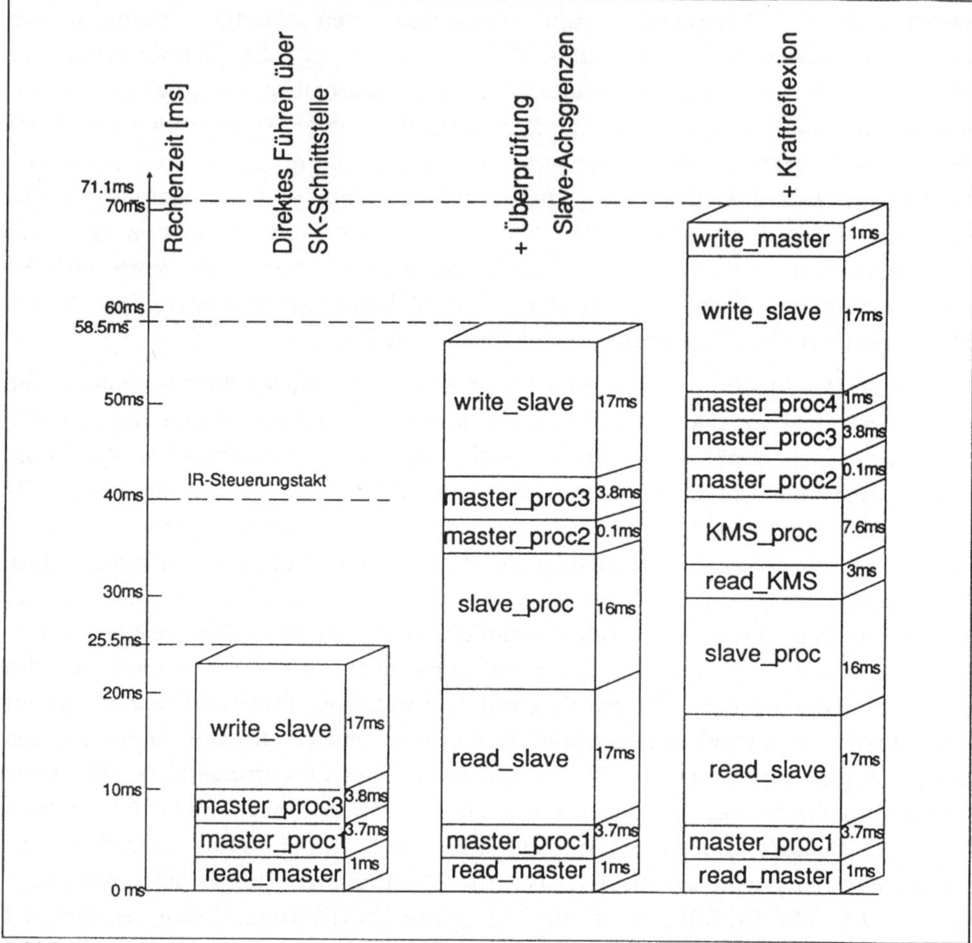

Bild 8.13   Gegenüberstellung der Zykluszeiten verschiedener Steuermodi, die sich je nach eingestellter MSB-Konfiguration ergeben.

Übertragungszeit der DNC-Telegramme bestimmt. Bei einer Übertragungsrate von 9600 Baud und einer Koordinaten-Telegrammlänge von 33 Byte sind einschließlich des Software-Handshakes schon an die 40ms Kommunikationszeit verbraucht. Die Übertragungsrate stellt somit einen begrenzenden Faktor dar in der Realisierung eines kurzen Steuerungstaktes.

Ein ·weiterer Gesichtspunkt beim Aufbau des Steuerungskerns ist die Synchronisation von Master- und Slavesteuerung. Da Master- und Slaverechner keine interne Uhr besitzen, können ihre Steuerungstakte nie genau auf die gleiche Länge abgestimmt werden, sie müssen deshalb aufeinander synchronisiert werden. Bild 8.14 veranschaulicht diesen Vorgang. Der Takt des Masterrechners wird dabei auf den der Slavesteuerung abgestimmt. Seine

Zykluszeit muß zu diesem Zweck etwas kürzer sein als die des Slaves. Sind alle Funktionen abgearbeitet, geht der Masterrechner in einen Wartezustand über, solange bis die Slavesteuerung ihre Aktivitäten neu startet. Als Synchronisationssignal bzw. -ereignis dient das zyklische Koordinatentelegramm, das im Falle der AEG R500-Steuerung durch einmalige Anforderung erzeugt werden kann.

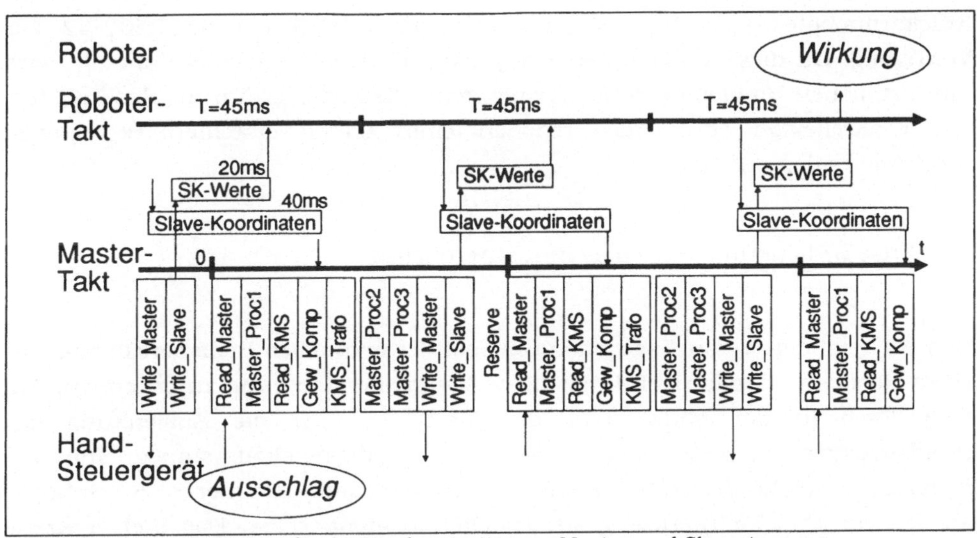

Bild 8.14   *Zeitdiagramm für die Synchronisation von Master- und Slavesteuerung.*

Bild 8.14 verdeutlicht auch, nach welcher Zeit Bewegungsvorgaben des Handsteuergeräts in der Zielsteuerung zur Wirkung kommen. Drei Steuerungstakte vergehen dabei; ein Takt für die Berechnung des Geschwindigkeitsvektors, etwa ein halber Takt für die Übertragung desselben und ein dritter, bis die Slave-Steuerung die Werte mit in ihre Bahnplanung einbezieht. Eine Gegenreaktion auf eine drohende Verletzung von Achsverfahrbereichen hin kann erst nach 3 Takten erfolgen. Damit das Mastersteuerprogramm nicht auf neue Koordinatenwerte warten muß, beginnt der Zyklus mit Werten aus dem vorhergehenden Takt. Diese Tatsache führt dazu, daß die Gewichtskompensation ebenfalls nur mit alten Koordinaten berechnet wird und somit einen Fehler beinhaltet, der aber aufgrund der kleinen Verfahrgeschwindigkeiten vernachlässigbar ist.

9. Verifikation des Handsteuergerätes

Ein wichtiger Aspekt für den Einsatz des universellen Handsteuersystems ist die Funktionalität und Leistungsfähigkeit der zum Einsatz kommenden Slavesteuerung. Im handhabungstechnischen Labor des Kernforschungszentrums Karlsruhe steht für die Verifikation des Handsteuergerätes ein KUKA-Knickarmroboter vom Typ 160/45 und eine AEG-Steuerung R500-V2 zur Verfügung. Da diese Robotersteuerung keine Playbacksteuerung darstellt, wird mit dem neuen Handsteuergerät nur die manuelle Bedienerführung des Roboters mit Kraftreflexion sowie das Teachen eines offline erstellten Bewegungsprogrammes demonstriert.

9.1 Freie Bedienerführung eines Industrieroboters

Bild 9.1 zeigt den Versuchsaufbau zum Test der manuellen Bedienerführung des Kuka-Roboters . Links im Bild ist die AEG-Robotersteuerung zu erkennen. Auf dem Tisch in der Mitte steht der Master-PC, der die Auslenkung des Handsteuergriffes mißt sowie die Geschwindigkeitskommandos für die Sensorschnittstelle der R500 erzeugt. Im Hintergrund steht der KUKA-Roboter, an den ein KMS-Eichwerkzeug als Endeffektor montiert ist. Das Eichwerkzeug hat aufgrund seiner T-Form den Vorteil, daß das Koordinatensystem des Endeffektors gut sichtbar ist, und damit die Verfahrrichtungen im Tool-Koordinatensystem besser überprüft werden können.

Als erstes soll die freie Bedienerführung getestet werden. Frei bedeutet dabei, daß der Endeffektor frei im Raum, d.h. ohne Berührung mit einem Gegenstand, bewegt wird, so daß die Kraftreflexion erst einmal unberücksichtigt bleiben kann. Nach dem Einschalten der Roboterantriebe fordert das Handbediengerät (HBG) der R500 zum Referenzieren auf. Wegen der inkrementellen Drehgeber des Roboters muß beim Einschalten wie auch bei jedem Notinterrupt der Roboter neu referenziert werden. Diese Aktion kann nicht online vom Master-PC aus ferngesteuert werden, sondern der Bediener muß sie per Tastendruck am HBG selbst durchführen. Daraufhin wird das Master-Steuerprogramm am PC gestartet und im MSB-Konfigurationsmenü die Kraft- und Bereichsüberwachung ausgeschaltet sowie das gewünschte Arbeits-Koordinatensystem (World- oder Tool-KOS) ausgewählt. Nach Bestätigung der eingestellten MSB-Konfiguration aktiviert die Mastersteuerung die SK-Schnittstelle der R500, woraufhin diese das Tastenfeld für die manuelle Positionierung auf ihrem HBG stillegt und nur noch

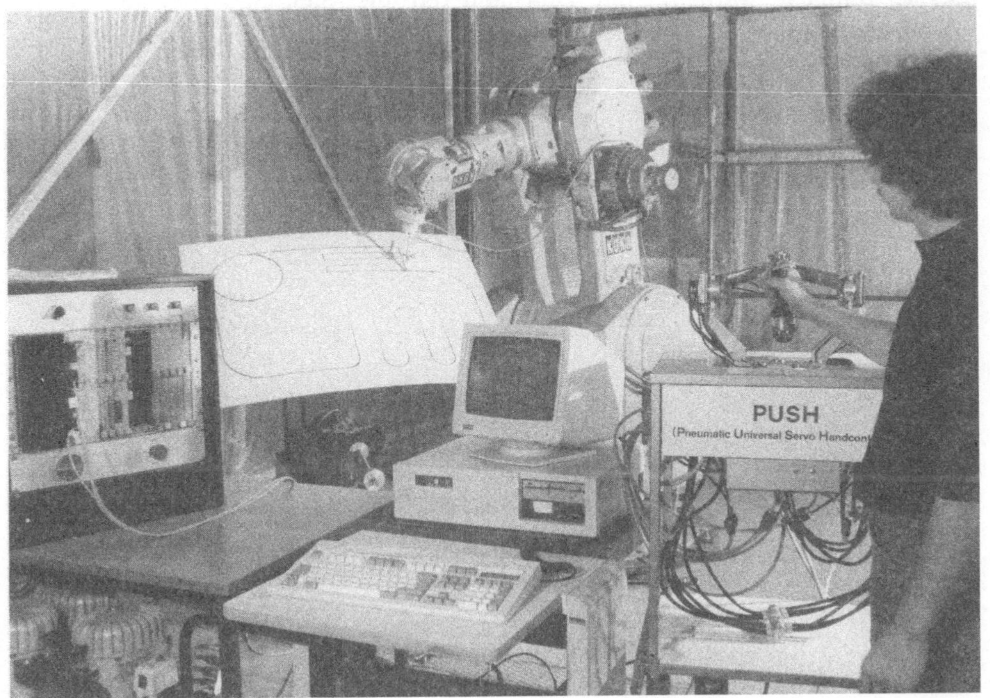

Bild 9.1   Versuchsaufbau zum Test der manuellen Bedienerführung eines Industrieroboters vom Typ KUKA 160/45.

Geschwindigkeitsvorgaben des Handsteuergerätes akzeptiert. Bei direkter Übergabe von Geschwindigkeiten im World-KOS wird ihre Interpretation in Kardanwinkelgeschwindigkeiten deutlich. Nur in der Roboter-Grundstellung (World-A = 0) stimmen die ausgeführten Verdrehungen um die World-Z- und World-Y-Achse mit den Bedienervorgaben überein. In anderen Stellungen ist es dem Bediener nicht möglich, richtungsgetreue Vorgaben zu erzeugen. Mit einem zusätzlichen Modul in der Mastersteuerung wird der raumfeste Winkelgeschwindigkeitsvektor in Kardanwinkelgeschwindigkeiten umgerechnet, so wie es auch in Bild 7.4 dargestellt ist. Diese Umrechnung ist im Anhang A4 formelmäßig beschrieben. Die Winkelgeschwindigkeits-Transformation hat den Nachteil, daß eine zusätzliche Handsingularität entsteht. Wie Gl. A.24 zeigt, existiert bei dem Eulerwinkel $\beta = \pm 90°$ die Determinante der Transformationsmatrix nicht. Diese Handsingularität äußert sich darin, daß beim Annähern an die Kardanwinkelposition $\beta = \pm 90°$ die Geschwindigkeiten der Handachsen zunehmen, und beim Erreichen der kritischen Stellung der Stillstand eintritt. Damit liegen drei Handsingularitäten vor, zum einen die Stellung, in der Achse 4 und 6 kollinear werden, und zum anderen die Stellungen, in denen der Endeffektor senkrecht nach oben und unten zeigt.

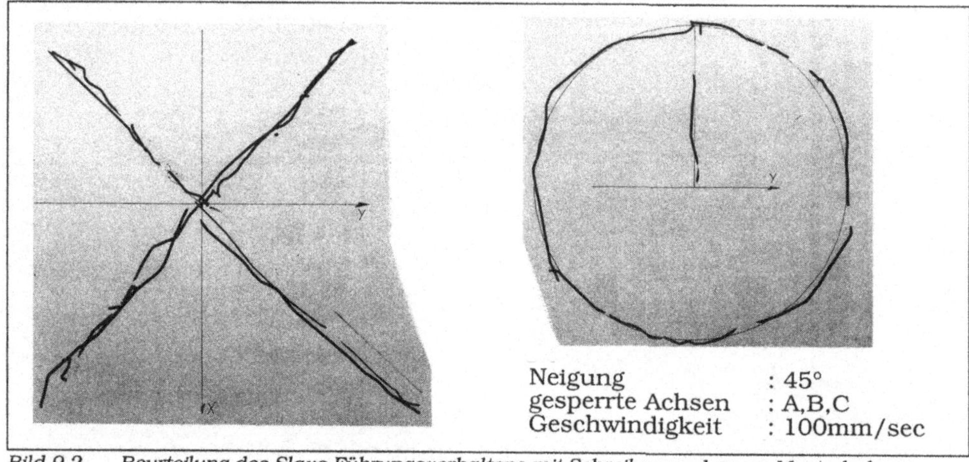

Bild 9.2   Beurteilung des Slave-Führungsverhaltens mit Schreibversuchen an Musterbahnen.

Bild 9.2 zeigt das Führungsverhalten des MSB am Beispiel des Abfahrens von Musterbahnen mit einem Schreibstift. Links im Bild wird der Stift entlang der Raumdiagonalen geführt und rechts wird ein unter 45° Neigung liegender Kreis nachgefahren. Der im Slave-Endeffektor eingespannte Schreibstift ist über 2cm Weg nachgiebig gelagert und kann somit Höhenschwankungen ausgleichen. Ein Abheben des Stiftes konnte trotzdem nicht immer vermieden werden, woran in erster Linie die schlechte Beweglichkeit der Z-Achse des Handsteuergerätes Schuld ist. Die Qualität des Bahnverfolgens wird in entscheidendem Maße auch von der Geschwindigkeit und der Sichtentfernung des Bedieners mitbestimmt. Im vorliegenden Schreibversuch betrug die Maximal-Geschwindigkeit bei Vollausschlag des Handsteuergerätes 100 mm/sec bei einer Sichtentfernung von 2m. Höhere Führungsgeschwindigkeiten ergeben nur dann zufriedenstellende Ergebnisse, wenn einige Achsen gesperrt werden. Ein Nacheilen des Roboters ist erst bei Geschwindigkeitsvorgaben >150mm/sec zu beobachten.

Eine weitere Erfahrung betrifft die Orientierungseinstellung des Endeffektors. Hier ist festzustellen, daß kartesische Orientierungsänderungen viel langsamer ablaufen als Positionierungsvorgaben, obwohl sie der Bediener gefühlsmäßig mit der gleichen Intensität ausübt. Die Erklärung hierfür liegt in der Steuersoftware der R500. Während die maximale Translationsgeschwindigkeit im Handbetrieb gegenüber der des Automatikbetriebs halbiert wird (250mm/sec), werden Orientierungsänderungen in viel stärkerem Maße reduziert, nämlich um den Faktor 10 auf ca. 10grad/sec. Diese Geschwindigkeitsreduktionen für den

Handbetrieb werden meist aus sicherheitstechnischen Gründen eingeführt und können von Steuerung zu Steuerung unterschiedlich ausfallen.

9.2 Teachen eines Automatikprogrammes

Der Versuchsaufbau zum Teachen eines Automatikprogrammes entspricht ebenfalls dem in Bild 9.1. Dem Master-PC fällt dabei aber eine weitere Aufgabe zu. Er ist zugleich offline-Programmierplatz für den Roboter. Neben der Master-Steuersoftware ist genügend Speicherplatz vorhanden, um auch das offline-Programmiersystem OLP2 der Firma AEG /76/ zu installieren. Ein Automatikprogramm wird unabhängig vom Roboterbetrieb textuell in einer komfortabeln Programmiersprache erstellt. Zum Editieren des OLP2-Programmes wird der Texteditor WORDSTAR benutzt. Da in diesem Planungsstadium reale Roboterkoordinaten meist noch unbekannt sind, werden anzufahrende Bahnpunkte nur mit symbolischen Namen beschrieben. Das fertig erstellte OLP2-Programm wird mit einem Compilerlauf auf Syntaxfehler geprüft und anschließend in den steuerungsspezifischen Maschinencode übersetzt. Über ein PC-Archivierungsprogramm wird das compilierte Automatikprogramm vom PC zur Robotersteuerung übertragen. Die R500 hat dazu eigens eine PCA-Schnittstelle, eine serielle V24-Schnittstelle, die mit 9600 Baud betrieben wird. Die eigentliche Programmübertragung kann nur vom HBG der R500 aus gestartet werden, was nicht ganz der DNC-Philosophie entspricht. Das Programm befindet sich danach im Arbeitsspeicher der Robotersteuerung, ist aber noch nicht lauffähig, da reale Roboterkoordinaten noch fehlen. Das Programm muß am HBG nochmals editiert werden. Der Bediener sucht das Programm nach symbolischen Punkten ab und macht es über die Taste "Parameter" empfangsbereit für Koordinatensätze. Jetzt kann das Handsteuergerät zum Einsatz kommen. Nach dem Start des Master-Steuerprogramms wird, wie auch im vorherigen Kapitel beschrieben, der TCP des Roboters schnell in die gewünschte Zielposition verfahren. Ist der Bediener mit der Endeffektorposition einverstanden, betätigt er die Taste "Vorbereiten" am HBG und die zugehörigen Koordinatenwerte werden dem symbolischen Punkt zugeordnet. Dieses Wechselspiel aus Suchen, Positionieren und Bestätigen wird für alle restlichen unbekannten Punkte durchgeführt.

Der Vorteil des Teachens mit dem Handsteuergerät kommt besonders bei Automatikprogrammen, die aus sehr vielen Punkten bestehen, zur Geltung, wie sie z.B. Punktschweißprogramme im Karosseriebau aufweisen (100 bis 200 Punkte). Ein schneller Wechsel von einer Schweißposition zur nächsten führt gerade bei langen Punktelisten zu einer hohen Zeitersparnis. Das universelle Handsteuergerät erweist sich somit als effektives Programmierhilfsgerät für die prozeßnahe Roboterprogrammierung.

9.3 Bedienerführung eines IR's mit Kraftreflexion

Der Versuchsstand für die Bedienerführung eines IR's mit Kraftreflexion geht aus Bild 9.3 hervor. Im Vergleich zu Bild 9.1 enthält es zusätzliche Komponenten wie den elektrischen Kompressor unter dem Tisch, einen KMS-Rechner auf dem Tisch neben der AEG Robotersteuerung sowie einen Roboter-Endeffektor aus KMS und Eichwerkzeug. Der elektrische Kompressor versorgt mit einer Leistung von 150 l/min die Kraftreflexionseinrichtung des Handsteuergerätes mit Luft.

Im ersten Versuchsschritt werden alle möglichen Kraft- und Momentensignale mit ihren maximalen Werten simuliert und auf die Masterantriebe aufgeschaltet. Die Drehachsen des Handsteuergerätes reagieren dabei sehr empfindlich und stark, die Positionierachsen dagegen träge und ruckartig. Die letzteren benötigen einen viel höheren Startdruck, um in Bewegung zu kommen. Der Grund für

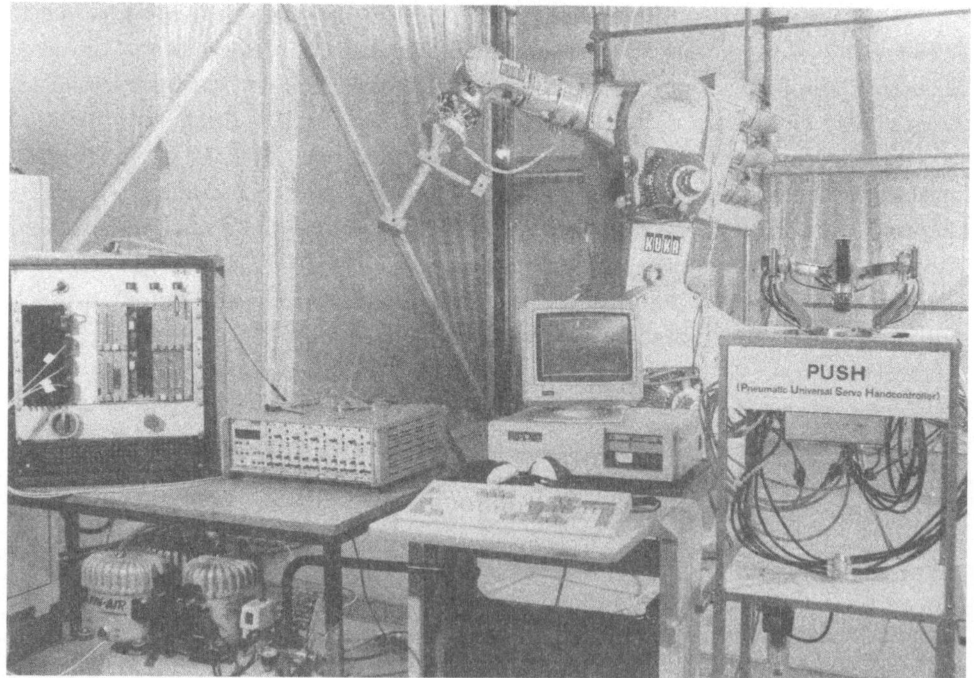

Bild 9.3　　*Versuchsaufbau zur Bedienerführung des KUKA-Knickarmroboters mit Kraftreflexion.*

dieses unterschiedliche Verhalten von Positionierungs- und Orientierungsachsen liegt zum einen an den hohen Reibungswerten der Parallelführungen und zum anderen an ihren wesentlich höheren Schlittenmassen. Desweiteren stellt sich heraus, daß der Luftverbrauch der Kraftreflexionseinrichtung höher als erwartet ist und daß dieser auch akustisch nicht zu überhören ist. Die nach dem Prinzip der Düse-Prallplatte arbeitenden Druckregelventile (DRV) haben durchschnittlich einen Eigenluftverbrauch von 10 l/min, so daß der Kompressor bei 12 DRV und weiteren nicht zu vermeidenden Leckagestellen an der Grenze seiner Leistungsfähigkeit angelangt ist. Bei hohem Regelaufkommen der DRV kann der anfangs eingestellt Versorgungsdruck von 7 bar trotz kontinuierlich laufendem Kompressor nicht gehalten werden und fällt nach längerem Betrieb bis auf 5 bar ab. Der damit viel zu niedrigere Versorgungsdruck wirkt sich nicht nur nachteilig auf die maximalen Reflexionskräfte aus, sondern verschlechtert zunehmends auch die Dynamik der Ventile. Ein optimales Reaktionsvermögen der DRV garantiert der Hersteller nur, wenn der Primärdruck 10% über den maximal gewünschten Sekundärdruck liegt. Diese Forderung kann mit der vorhandenen Kompressorleistung nicht erfüllt werden, so daß besonders beim Entlüften der Ventile hohe Verzögerungszeiten auftreten, die eine schnelle Kraftreflexion unmöglich machen.

Im zweiten Schritt wurde mit Hilfe des KMS-Eichwerkzeuges die von der Mastersteuerung berechneten Kraftreflexionssignale mit einem Digitaloszilloskop aufgezeichnet. Bild 9.4 zeigt den Slave-Endeffektor aus KMS und Eichwerkzeug.

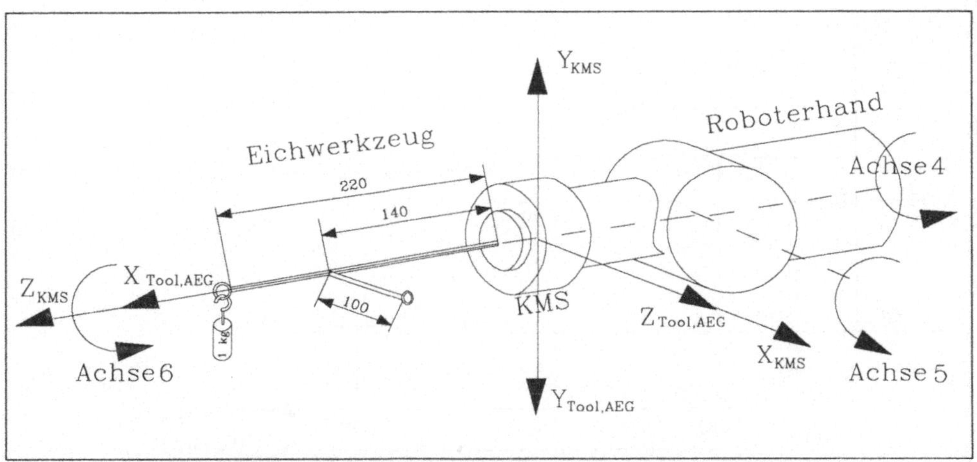

Bild 9.4   Slave-Endeffektor aus KMS, Eichwerkzeug und Testgewicht zum Erzeugen von variablen Momenten für die Kraftreflexion.

Zum Erzeugen von Momenten wurde in die Ösen des Eichwerkzeuges ein Testgewicht von 1kg Masse eingehängt. Um auch variable Momente zu generieren, wurden jeweils die Handachsen 4, 5 oder 6 mit konstanter Drehgeschwindigkeit verfahren. Bild 9.5 gibt eine auf diese Art aufgenommene Momentenkurve wieder. Ausgangsstellung war eine zur Seite abgewinkelte horizontale Roboterhand, die über Achse 4 mit einer Winkelgeschwindigkeit von ca. 12grad/sec um 180grad auf die entgegengesetzte Seite gedreht wurde. Aufgezeichnet wurden die betreffenden Kraftreflexions-Stellsignale M_x und M_y, die sich nach der kartesischen Krafttransformation auf das raumfeste Bezugssystem ergeben. Ihr Verlauf entspricht den Erwartungen, die M_x-Kurve besitzt Cosinus-Charakter, da in der Ausgangsstellung bei horizontal abgewinkelter Hand zwischen World-X-Bezugsachse und Testgewicht der größte Hebelarm vorliegt, und dieser bei nach unten zeigendem Eichwerkzeug verschwindet. Die Komponente M_y bleibt annähernd konstant, da sich der Hebelarm zwischen Testgewicht und World-Y-Achse bei dieser Verfahrbewegung nicht ändert.

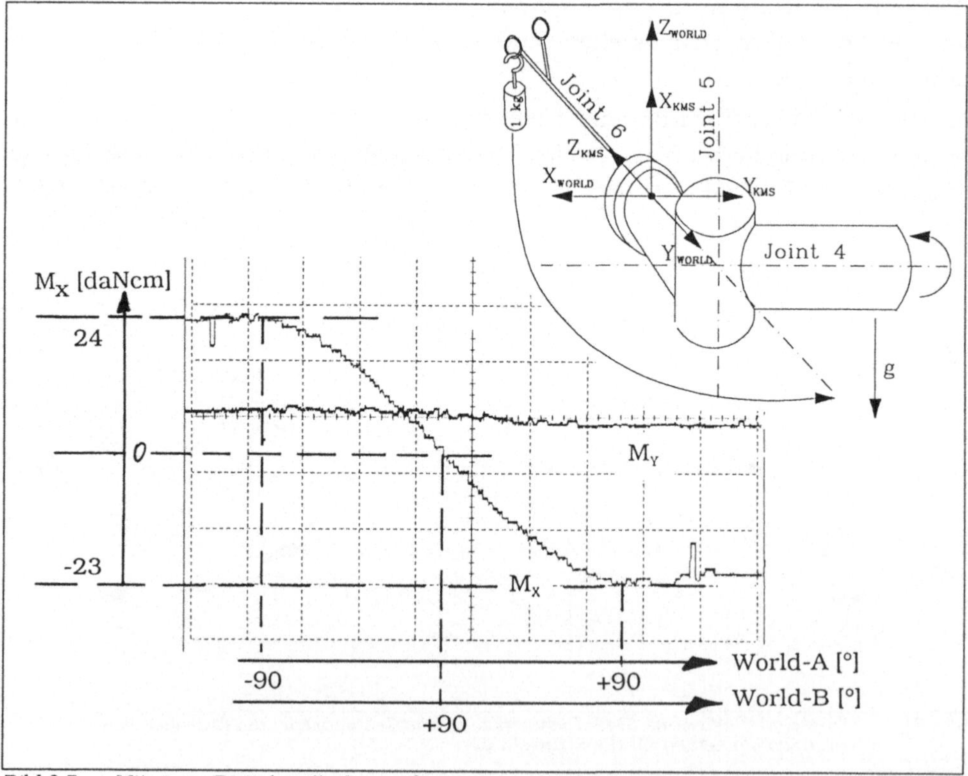

Bild 9.5   *Mit einem Digitaloszilloskop aufgenommene Kraftreflexions-Stellsignale M_x und M_y nach kartesischer Krafttransformation auf das raumfeste World-Bezugssystem.*

10. Ausblick und Entwicklungsmöglichkeiten

Versuche zur manuellen Bedienerführung eines IR mit dem neu entwickelten Handsteuersystem zeigten, daß die Leichtgängigkeit der realisierten Steuermechanik, insbesondere die der Positionierachsen, noch unzureichend ist. Die Feinpositionierung wird außerdem durch die unterschiedlichen Reibungsverhältnisse der einzelnen Achsen erschwert und die Kraftreflexion zeigt erst bei höheren Steuerdrücken ihre Wirkung. Die aus Parallelführungen aufgebauten Positionierachsen erfordern höchste Fertigungsgenauigkeit sowie ein genaueres Beachten des Konstruktionsprinzips der Fest- und Loslagerung. Die Leichtgängigkeit könnte durch die Verwendung von Hochpräzisions-Linearführungen verbessert werden. Auch eine Reduzierung der Achsmassen würde die Lagerreibungen verringern und die Dynamik der Positionierachsen steigern.

Für die Kraftsteuerung ist es von großer Bedeutung, daß die Zeitkonstante des aus Geschwindigkeitsvorgabe und Kraftrückkopplung gebildeten geschlossenen Regelkreises wesentlich verkleinert wird (mindestens um den Faktor 10). Desweiteren müßten die Übertragungsgeschwindigkeiten der Datentelegramme zwischen Master- und Slavesteuerung mindestens um den Faktor zwei erhöht sowie die Reaktionszeiten der Sensor-Schnittstelle der Slavesteuerung erheblich reduziert werden. Eine Kraftsteuerung mit höheren Bandbreiten (>5Hz) kann mit einer pneumatischen Kraftrückkopplungs-Einrichtung nicht mehr realisiert werden. Antriebsprinzipien mit wesentlich geringeren Zeitkonstanten (1 bis 5 ms), wie sie z.B. elektrische Scheibenläufermotoren aufweisen, müßten die pneumatischen Antriebe ersetzen.

Einen weiteren Gesichtspunkt stellt die Rechenleistung und die Realzeitfähigkeit der Steuerrechner dar. Ein 386 oder gar 486 PC-AT als Masterrechner mit einem Realzeitbetriebssystem wie z.B. Intel-RMX oder CONCURRENT würde die Verarbeitungsgeschwindigkeit der Steuerprogramme mindestens verdreifachen sowie die Synchronisationsvorgänge zwischen Master- und Slavesteuerung verbessern. Auch die Slavesteuerung müßte in gleichem Maße in ihrer Leistungsfähigkeit verbessert werden. Die vorhandene AEG-Robotersteuerung R500 ist in den Punkten Zykluszeit, Kommunikationsgeschwindigkeit und Playback-Programmierbarkeit unzureichend. Wie die Diskussion mehrerer Robotersteuerungen in Kap 6.3.2 ergab, wäre die Rho2 der Firma BOSCH oder die KAREL-Steuerung von GMF als Slavesteuerung wesentlich geeigneter. Die Mastersteuersoftware könnte mit in die Slavesteuerung integriert werden, wodurch die durch die Kommunikation zwischen den beiden Rechnern auftretende Totzeit entfiele. Denselben Vorteil brächte auch eine Kopplung der Steuerrechner über einen gemeinsamen BUS, wie es z.B. das Siemens CIM-Konzept erlaubt.

Die Kraftsteuerung bei Werkzeugkontakt des Slaves mit der Umgebung verlangt gezielte Nachgiebigkeiten in der Slavehand. Diese können z.B. durch ein passives Federelement (RCC = Remote Compliance Center) oder aktiv durch eine Compliance-Regelung in der Slavesteuerung /120/ erreicht werden. Je größer die Tot- und Verzugszeiten des MSB's sind, desto mehr Nachgiebigkeit muß in Kraftrichtung zur Verfügung stehen.

11. Zusammenfassung

Der Einsatz von Manipulatoren und Robotern in der Fernhantierung gewinnt überall dort an Bedeutung, wo Menschen gefährlichen Umweltbedingungen wie radioaktiver Strahlung, Hitze, giftigen Gasen, elektrischen Spannungsfeldern und hohen Umgebungsdrücken nicht ausgesetzt werden sollen. Wegen der dabei meist vorliegenden unstrukturierten Umgebungsräumlichkeiten sowie der hohen Wahrscheinlichkeit von unvorhersehbaren Ereignissen ist der reine Automatik-betrieb für diese Fernhantierungsgeräte nicht ausreichend, sondern bediener-geführte Operationen müssen neben Automatiksequenzen jederzeit möglich sein.

Die manuelle Bedienerführung geschieht bei Robotern i.a. mit den 12 Tasten seines Handbediengerätes. Für eine leichtere Endeffektorführung werden kartesische Arbeitskoordinatensysteme wie das World- oder das Toolsystem angeboten. Die Bedienerführung bleibt aber durch diese einfache Tastenpositio-nierung weiterhin recht mühsam. Fortschrittlichere Steuereinheiten gestatten den Gebrauch von Joysticks, mit denen bis zu 3 Freiheitsgrade gleichzeitig bedient werden können.

Das im Rahmen dieser Arbeit entwickelte universelle Handsteuersystem stellt eine weitere Verbesserung hinsichtlich der Ergonomie dar, da es das gleichzeitige Bedienen von 6 Freiheitsgraden mit einer Hand gestattet. Durch die Integration von Antrieben in allen Achsen wird auch Kraftreflexion zur Verfügung gestellt, wie man sie von der bilateralen Positionsregelung mit Master-Slave-Servomanipulatoren gewöhnt ist. Ein Kraft-Momentensensor (KMS) zwischen Werkzeug und Roboterflansch mißt dabei die am Slave-Endeffektor wirkenden äußeren Lasten und Berührungskräfte.

Eingesetzt werden kann das Handsteuergerät sowohl als Universalmaster für den Master-Slave-Betrieb (MSB) von Robotern bzw. Servomanipulatoren, wobei

Unterschiede in der Kinematik zwischen Master und Slave erlaubt sind, zum Teachen von Punktelisten für offline erstellte Automatikprogramme sowie für die Playback-Programmierung ganzer Bewegungsbahnen. Beim MSB besteht der Vorteil darin, daß für Slavemanipulatoren keine Replica als Master mehr benötigt werden, während der Vorteil bei der Bedienerführung von Robotern darin liegt, daß Punkte einschließlich ihrer Orientierung schnell und einfach angefahren werden können. Das letztere führt gerade beim Teachen großer Bewegungsprogramme mit vielen Punkten, wie sie beim Punktschweißen von Automobilkarosserien vorliegen, zu einer hohen Zeitersparnis.

Das universelle Handsteuergerät ist pneumatisch angetrieben und besitzt eine Mittenzentrierungs-Einrichtung. Ein IBM-kompatibler PC-AT dient als Master-Steuerrechner. Er liest die Auslenkung des Handgriffes ein, erzeugt daraus einen Geschwindigkeitsvektor und manipuliert diesen mit dem Ziel, die kinematischen und dynamischen Unterschiede zwischen Master und Slave auszugleichen. Der daraus resultierende Geschwindigkeitsvektor wird bitseriell an eine IR-Steuerung übertragen. Sobald das Werkzeug am Slave-Endeffektor Kontakt zur Umgebung erfährt, d.h. der KMS Kraftsignale liefert, tritt die Kraftsteuerung hinzu. Die Geschwindigkeitskomponenten in Kraftrichtung werden dabei je nach Elastizität des Slave-Endeffektors stark reduziert. Aus den KMS-Signalen werden die Stellsignale für die Masterantriebe berechnet, die dem Bediener im Handgriff das Kraftgefühl vermitteln.

Im ersten Versuchsfeld wird die Bedienerführung eines KUKA-Knickarm-Roboters über eine IR-Steuerung vom Typ AEG-R500 betrieben. Zwischen Handsteuergerät und Robotersteuerung wird ein PC-AT286 als Master-Steuerung eingesetzt. Neben der Manipulation des Geschwindigkeitsvektors für die Kraft- und Bereichsüberwachung des Slaves führt er kartesische Kraft- und Geschwindig-keitstransformationen durch. Eine Umrechnung des vom Bediener vorgegebenen raumfesten Drehgeschwindigkeitsvektors in Kardanwinkelgeschwindigkeiten ist notwendig, um der speziellen Interpretationsweise der AEG-Steuerung Rechnung zu tragen. Die Bedienoberfläche der Master-Steuerung erlaubt die Auswahl verschiedener Bezugs-Koordinatensysteme sowie das Sperren einzelner Freiheitsgrade.

Der Arbeitsraum des Handsteuergerätes entspricht dem eines Würfels mit 10cm Kantenlänge. Das Gerät ist für den Einbau in ein Bedienpult oder einen Tisch ausgelegt, so daß nur noch sein Handgriff herausragt.

Literatur

Teleoperation:

/1/ Uttal W.R., Teleoperators, Scientific American, Dec.1989

/2/ Andre G., Blais T.: Space teleoperation and control concept experimental evaluation for the Hermes robot arm (HERA), Proc. Int. Symp. Teleoperation and Control, July 1988

/3/ Leinemann K., Kühnapfel U., Schlechtendahl E.G./KfK: NET Remote Handling Control System with CAD-Support, in /4/.

/4/ American Nuclear Society: Proc. ANS Third Topical Meeting on Robotics and Remote Systems, Charleston, South Carolina, 1989

/5/ Bejczy A.K.: Sensors, Controls and Man-Machine Interface for Advanced Teleoperation, Science, Vol 208, June 1980

Telerobotics:

/6/ Roman H.T.: The Robots are Coming, Electric Perspectives/Winter 1989

/7/ Boissiere P.T., Harrigan R.W.: Telerobotic Operation of Conventional Robot Manipulators, Int.Conf. on Robotics and Automation 1988

/8/ Gelhaus F.E., Roman H.T.: Robot Applications in Nuclear Power Plants, Progress in Nuclear Energy, Vol 23, No.1, 1990

/9/ Abel E. et al./UKAEA Harwell: The Harwell Robotics Programme - Telerobotics plus Industrial Standars, Proc. Remote Systems and Robotics in Hostile Environments, Pasco, 1987

/10/ Benner J.,Blume C. u.a./KFK: Advanced Carrier Systems and Telerobotics, IFAC Robot Control 1988, Karlsruhe

/11/ Hirzinger G./DLR: The Telerobotic Concepts of Rotex - Germans First Step Into Space Robotics, 39th I.A.F. Congress, Bangalore, Indien, 1988.

/12/ Sheridan T.B./MIT: Telerobotics, IFAC 10th Triennial World Congress, München 1987

/13/ Hirzinger G.: The Space and Telerobotic Concept of DFVLR ROTEX, Proc. IEEE Int. Conf. on Robotics and Automation, Raleigh 1987

/14/ Sheridan T.B.: MIT Research in Telerobotics, Proc. of Workshop on Space
Telerobotics Vol.2, JPL-Publication 87-13, Juli 1987

Elektrische MS-Servomanipulatoren mit bilateraler Positionsregelung:

/15/ Asano K. et al.: On a Bilateral Servo Manipulator Using Pneumatically
Controlled Rubber Actuators, in /4/

/16/ Görtz R.C., Thompson W.M.: Electronically Controlled Manipulator,
Nucleonics 12(1954) S.46-47

/17/ Vertut J., Fournier R. et al.: MA23M Contained Maintenance
Servomanipulator With Computer Aided Control, Proc. 32nd Conf. on
Remote Systems Technology, 1984, Vol.2

/18/ Vertut J., Fournier R. et al.: Advances in a Computer Aided Bilateral
Manipulator System, Proc. of the 1984 National Topical Meeting on
Robotics and Remote Handling in Hostile Environments

/19/ Köhler G.W., Salaske M./KfK: Elektrischer Master-Slave-Manipulator
EMSM-2B, Robotersysteme 4, 188-192 (1988)

/20/ Kuban D.P., Noakes M.W., Bradley E.C.: The Advanced Servomanipulator
System: Development Status and Preliminary Test Results, Proc.
Remote Systems and Robotics in Hostile Environments, Pasco,
Washington 1987

/21/ Kuban D.P., Perkins G.S.: Dual Arm Master Controller Concept, Proc. of the
1984 National Topical Meeting on Robotics and Remote Handling in
Hostile Environments

/22/ Köhler G.W./KfK: Vorteile von elektrischen Master-Slave-Manipulatoren,
Robotersysteme 2 (1986)

/23/ Herndon J.N. et al.:The State-of-the-Art Model M-2 Maintenance System,
Proc. 1984 National Topical Meeting on Robotics and Remote Handling
in Hostile Environments, ANS 1984

/24/ Bicker R., Maunder L.: The Development of Performance Criteria for
Telemanipulators, Proc.Int.Conf. of Theory of Machines and
Mechanisms 1987

CAT-Systeme, Mensch-Maschine-Schnittstelle:

/25/ Süss U.: M IDI - A Man-Machine Interface for the Digital Telemanipulator
Control System DISTEL, Proc. Int. Symp. on Advanced Robot
Technology, Tokyo/Japan, März 1991

/26/ Sato T., Hirai S.: Motion understanding and structured DD master-slave
manipulator for cooperative teleoperator, Proc. 3rd Int. Conf. on
Advanced Robotics, Paris, Okt.1987

/27/ Furuta K., Shiote Y.: Master-Slave-Manipulator based on virtuel internal
model following control concept, Proc. IEEE Int.Conf. on Robotics and
Automation, Raleigh 1987

/28/ Fournier R., Gravez P., Mangeot C.: High-level hierarchical control in
computer aided teleoperation (CAT), Proc. 3rd Int.Conf. on Advanced
Robotics, Paris, Okt.1987

/29/ Sato T., Hirai S.: Language-Aided Robotic Teleoperation System (LARTS) for
Advanced Teleoperation, IEEE Journal of Robotics and Automation, Vol
RA-3, No.5, 1987

/30/ Breitwieser H.: DISTEL - Digitales Steuerungssystem für
Telemanipulatoren, KfK-Primärbericht Mai 1990

/31/ Kühnapfel U.: KISMET: Kinematic Simulation, Monitoring and Offline
Programming Environment for Telerobotics, KfK-Bericht IRE 6/40/89,
Juni 1990

/32/ Benner J., Leinemann K./KfK: Architecture of a Telemanipulation System
with Combined Sensory and Operator Control, Proc.Int.Conf. Robot
Vision and Sensory Controls, Februar 1988

/33/ D'Amico A.D.: Simulation Test of Man-Machine Interface for Remote
Manipulator System Operations in the Space Station, Proc. Remote
Systems and Robotics in Hostile Environments, Int.Topical Meeting
1987, Pasco, Washington

/34/ Hettwer G., Breidbach G.: Lassen sich Tastaturen und Anzeigen durch
Spracheingabe und Sprachausgabe ersetzen?, Elektronik Informationen
Nr.2, 1986

/35/ Bicker R., Burn K., Maunder L.: The man-machine interface in remote
manipulation, Proc.Int.Symp. Teleoperation and Control, July 1988,
Bristol/UK

Prozeßnahe Programmierung:

/36/ Schiele G.: Bauarten und Steuerungen von Industrierobotern zum
        Beschichten und Lakieren, Maschinenmarkt 89(1983)

/37/ Isra: Robot Cammand & Teach Ball: Benutzerhandbuch Vers. 1.11, Nov
        1988, Fa. ISRA/Darmstadt

/38/ Lauffs H.G./WZL: Der Programmierzeiger - ein neues Werkzeug zur
        prozeßnahen Roboterprogrammierung, Kurzbericht der
        wissenschaftlichen Gesellschaft für Produktionstechnik (HGF 63),
        Industrie-Anzeiger 83/1988

/39/ Hirzinger G./DLR: Adaptiv sensorgeführter Roboter mit besonderer
        Berücksichtigung der Kraft-Momenten-Rückkopplung, Robotersysteme
        1, 161-171(1985)

/40/ Ishii M., Mikami Y. et al.: A 3-D Sensor System for Teaching Robot Paths
        and Environments, The International Journal of Robotics Research
        Vol.6, No.2, Summer 1987

/41/ Weck M. et al./WZL: Prozeßnahe Roboterprogrammierung unter Einsatz
        eines inertialen Meßsystems, Robotersysteme 4, 1988

/42/ Blomberg: Teach-Pilot/System Richter: Hochgenauer 6-Achsen-Kraftsensor
        zum Führen, Tasten und Programmieren von Robotern, Produktinfo
        1989, Fa.Blomberg Robotertechnik/Ahlen

/43/ Pritschow G., Storr A. et al.: Offline Programming System with Geometrical
        Data Recording by Manually Guided Industrial Robot, IFIP Working
        Conference on Offline Programming of Industrial Robots 1986

/44/ Tauber A.: Bewegungsdatenerfassung bei einem sechsachsigen
        Industrieroboter, ZwF 84 (1989) 10

/45/ Weck M., Lauffs H.G./WZL: Sensoren beschleunigen Online-
        Roboterprogrammierung, Industrieanzeiger 8/1987

/46/ Kuntze H.B. et al.: Sensorgestützte Programmierung und Steuerung von
        Industrierobotern, Robotersysteme 4, 1988

/47/ Carl-Cranz-Gesellschaft (CCG): Lehrgang "Roboter mit Sensor-
        Rückführung", Juli 1988

/48/ Hirzinger G. et al./DLR: Zum Stand der Robotikarbeiten der DLR,
        Sonderdruck aus DLR-Nachrichten, Heft 58, November 1989

/49/ ISRA: SRPS: Ein System zur sensorgeführten Roboterprogrammierung und
Kommandierung, Systembeschreibung Version 1.01, Aug. 1987,
Fa.ISRA/Darmstadt

/50/ Pritschow G., Gruhler G./ISW: Geometriesensoren und
Sensordatenverarbeitung für die automatisierte
Roboterprogrammierung, Robotersysteme 2, 1986

Mehrachsige passive und aktive Handsteuergeräte:

/51/ Bejczy A.K., Salisbury J.R./JPL: Controlling Remote Manipulators Through
Kinesthetic Coupling, Computers in Mechanical Engeneering, July 1983

/52/ Foley J.D.: Neuartige Schnittstellen zwischen Mensch und Computer,
Spektrum der Wissenschaft, Dez. 1987

/53/ McKinnon M., King M./CAE Electronics: Manual Control of
Telemanipulators, Proc.Int.Symp. Teleoperation and Control, July 1988

/54/ Lippay A.L., Morgan M. et al.: Helicopter Flight Control With One Hand,
Canadian Aeronautics and Space Journal, Ottawa, Vol.31, No.4, Dec
1985

/55/ Lippay A. et al.: Multi-Axis Manual Controllers, A State-of-the-Art Report,
Proc.of annual Conf. on manual control 17, Los Angeles, June 1981

/56/ Brooks T.L., Bejczy A.K.: Hand Controllers for Teleoperation, A State-of-the-
Art Technology Survey and Evaluation, JPL-Publication 85-11, March
1,1985

/57/ Arai T., Hashino S. et al.: Advanced Teleoperation with Configuration
Differing Bilateral Master-Slave-System, Robotics Research, the 4th Int.
Symp., MIT-Press, 1986

/58/ Handlykken M., Turner T./JPL: Control System Analysis and Synthesis for
a Six-Degree-of-Freedom, Force-Reflecting Hand Controller, Proc. of the
19th IEEE Conf. on Decision & Control, Vol 2, 1980

/59/ Siva K.V., Abel E./UKAEA: Development of a general purpose hand
controller for advanced teleoperation, Proc.Int.Symp. Teleoperation and
Control, July 1988

/60/ Agronin M.L.: The Design and Software Formulation of a 9-String 6-Degree-
of-Freedom Joystick for Telemanipulation, Master's Thesis, The
University of Texas at Austin, 1986

/61/ Siva K.V./UKAEA, The Development of a Force Reflecting Master Arm to
      Control the Harwell Hydraulic Manipulator, ANS 3rd Topical Meeting on
      Robotics and Remote Systems, Charleston, März 1989

/62/ Kraft: GRIPS Force Feedback Manipulator System, Produktinfo 1989,
      Fa.Kraft Telerobotics, USA

/63/ Schilling Development, Inc., Californien, Titan 7F Remote Manipulation
      System, Produkt-Info, März 1989

/64/ Weck M., Tilli T.: Lernprogrammierung von Werkzeugmaschinen für das
      automatische Gußputzen, Technische Rundschau, Frühjahr 1989

Roboterkinematik und -Simulation:

/65/ Featherstone R.: Position and Velocity Transformations Between Robot End-
      Effector Coordinates and Joint Angles, The International Journal of
      Robotics Research, Vol.2, No.2, 1983

/66/ BMW: Off-line auf dem Punkt: BMW nutzt ein Computer Aided Robotics-
      System (CAR), Roboter, September 1989

/67/ Seifert H.: Rechnerunterstütztes Konstruieren mit PROREN, Institut für
      Konstruktionstechnik, Ruhr-Universität Bochum, 1986

/68/ Paul R.P.: Robot Manipulators: Mathematics, Programming and Control,
      MIT-Press 1981

/69/ Angermüller G.: Off-line programming and simulation of flexible assembly,
      Assembly Automation 9, 1989

/70/ Süß U.: Eine Ergonomiestudie über den Bediener eines Master-Slave-
      Manipulators, Robotersysteme 4, 1988

/71/ Schlechtendahl E.G.: ESPRIT Project 322: CAD*I, CAD Data Transfer for
      Solid Models, Springer Verlag 1989

/72/ Hiller M., Wanner M.C. et al./IPA:Programmsystem zur Behandlung der
      Rückwärtstransformation bei sechsachsigen Industrierobotern,
      Robotersysteme 2,1986

/73/ BYU: The MOVIE System - A General Purpose Computer Graphics Display
      System, Engineering Computer Graphics Laboratory, Brigham Young
      University, 368 Clyde Building, Provo, Utah 84602 USA

/74/ Craig J.J.: Introduction To Robotics, Mechanics And Control, 2.Auflage,
Addison-Wesley Publishing Company, 1989

/75/ Wloka D.W.: Simulation of Robot Factories Using Robsim, IFAC 10th
Triennial World Congress, München 1987

/76/ AEG: Off-Line-Programmierung OLP 2, Benutzerhandbuch, Jan.1988

Universelle IR-Steuerungen:

/77/ Becker H.: Bewegungsachsen unter Kontrolle, Robotertechnik, 1986

/78/ Schleicher: Promodul-U: Ein universelles Automatisierungssystem setzt
neue Maßstäbe, Produktinfo 1990 Fa.Schleicher/Berlin

/79/ Schleicher: Bis zu 64 Achsen- Über die Konzeption einer Robotersteuerung,
Roboter, Sept. 1989

/80/ AEG: Dokumentation DNC-Schnittstelle der AEG-Robot-Control R500 V2,
Oktober 1989

/81/ Bartelt R., Massat h-J., Meier C.: Verarbeitung von Sensorsignalen in der
Steuerung Robot Control M, Siemens-Energietechnik 5(1983) Heft 3

/82/ Blank R., Mohr W.: SIROTEC-Robotersteuerungen kommunizieren mit
Personal Computer, Energie & Automation 11(1989) Special "EMO
1989"

/83/ VDI-Berichte 855: Automatisierungstechnik '90, Baden-Baden, Sept.1990

/84/ AEG robot control 500-V2, Bedien- und Programmieranleitung

/85/ Bosch: Robotersteuerung rho2, Weniger Programmierzeit - mehr Zeit für die
Fertigung, Produktinfo 1990, BOSCH/Erbach

/86/ GMF: Über die Programmiersprache KAREL für GMF-Roboter, Fabrik der
Zukunft 7-8/1989

Steuerungsprinzipien:

/87/ Raibert M.H., Craig J.J./MIT: Hybrid position/force control of
manipulators, J.Dynamic Systems Measurement and Control 102(1981)
126-133

/88/ Poulton E.C.: Tracking Skill and Manual Control, Academic Press 1984,
New York

/89/ Weber W., Breitwieser H./KfK: Regelung/Steuerung von elektrischen
Master-Slave-Manipulatoren mit dem Inversen Modell, Robotersysteme
2, 27-36 (1986)

/90/ Whitney D.E./MIT: Resolved Motion rate Control of Manipulators and
Human Protheses, IEEE Transactions on Man-Machine Systems, Vol
MMMS-10, No.2, June 1969

/91/ Günzel U., Weber W./KfK: Kraft- und Momentenregelung für Master-Slave-
Servomanipulatoren, Robotersysteme 4(1988), 183-187

Sechsachsige KM-Sensorssyteme:

/92/ Schmieder L.: Kraft-Momenten-Fühler, Sonderdruck aus Fertigung. Verlag
Technische Rundschau 1987

/93/ Hitachi: Six-Axis Load Sensor LSA6000A Series, Instruction Manual 1989,
Fa. Micro-Epsilon Meßtechnik/Ortenburg

/94/ IPR: Kraft/Momentensystem IPR-KMS, Produktinfo 1990,
Fa.IPR/Schwaigern

/95/ Seitner: KMS-Sensor und Analogauswertung, Systembeschreibung Juni
1988, Fa.Seitner/Seefeld

/96/ Schunk: 6-Achsen Kraftsensor Type FS 6, Produktinfo 1990,
Fa.Schunk/Lauffen

/97/ Logabex: EX 6000: 6-Axis Strain Transducers, Produtinfo 1990,
Fa.Logabex/Toulouse

/98/ Bayo E., Stubbe J.R.: Six-Axis Force Sensor Evaluation and a New Type of
Optimal Frame Truss Design for Robotic Applications, Journal of
Robotic Systems 6, 1989

/99/ DFVLR: Die neuen Sensor- und Greiferentwicklungen der DFVLR, Auszug
aus dem Kolloquium des DFVLR, Nov.1987

/100/ Yabuki A.: Six-Axis Force/Torque Sensor for Assembly Robots, Fujitsu
Scientific & Technical Joiurnal, Spring 1990

Dynamik und Stabilität:

/101/ Wittenburg J., Wolz U.: MESA VERDE - Ein Computerprogramm zur
      Simulation der nichtlinearen Dynamik von Vielkörpersystemen,
      Robotersysteme 1, 1985

/102/ Pfeiffer F., Reithmeier E.: Roboterdynamik, Teubner Studienbücher,
      Stuttgart 1987

/103/ Peters K./wbk: Ein Beitrag zur Berechnung der Kompensation von
      Positionierfehlern an Industrierobotern, Forschungsbericht Uni
      Karlsruhe, Institut für Werkzeugmaschinen und Betriebstechnik, 1986

/104/ Fogel L.J.: Biotechnology, concepts and application, Prentice-Hall 1963

/105/ Johannsen G., Boller H.E., Donges E., Stein W.: Der Mensch im
      Regelkreis: Lineare Modelle, Oldenburg-Verlag 1977

/106/ Linn K.O., Vossius G.: The relevance of the so-called tremor for the control
      of voluntary movements, 6th IFAC Congress, Boston 1975

/107/ Welford A.T.: Aging and Human Skill, Oxford University Press for Nuffield
      Foundation 1958, Reprinted Westport Connecticut Grennwood Press
      1973

/108/ Hannaford B.: Stability and Performance Tradeoffs in Bilateral
      Telemanipulation, IEEE Int.Conf.on Robotics and Automation 1989,
      Scottsdale, Arizona.

/109/ Föllinger O.: Regelungstechnik, Dr.Alfred Hüthig Verlag Heidelberg, 1984

/110/ Wolf H.: Lineare Systeme und Netzwerke, Springer-Verlag, 1978

Industrielle Anwendungen:

/111/ Köhler G.W., Süßdorf W. /KfK: Versuche zum Gußputzen mit einem
      Master-Slave-Manipulator KfK/HIT-Bericht Mai 1988

/112/ Lawo M. et al./KfK: COMETOS - ein hochflexibles Handhabungssystem
      zur Bearbeitung mittelgroßer Gußstücke, KfK-Nachrichten, Heft 2, 1990

/113/ Prendin W. et al.: Underwater telemanipulator system with supervisory
      control, Proc.Int.Symp. Teleoeration and Control 1988, Bristol/UK

/114/ KfK-PFT 153: Förderungsprogramm Fertigungstechnik des
Bundesministers für Forschung und Technologie, HfH Hochflexible
Handhabungssysteme, Projektträger: Kernforschungszentrum
Karlsruhe, Februar 1990

Kraftsteuerungen:

/115/ Salisbury J.K.: Active Stiffness Control of a Manipulator in Cartesian
Coordinates, 19th IEEE Conf. Decision and Control, Albuquerque, Dec.
1986

/116/ Whitney D.E.: Force Feedback Control of Manipulator Fine Motions, ASME
J. of Dynamic Systems, Measurement and Control, June 1977

/117/ Khatib O.: A unified Approach for Motion and Force control of Robot
Manipulator: " The Operational Space Formulation", IEEE J. of Robotics
and Automation, Vol.RA-3, No.1, Feb.1987

/118/ Mason T., Taylor H.: Automatic Synthesis of Fine Motion Strategies for
Robots, Int. J. of Robotics Research, Vol.3, No.1, Spring 1984

/119/ Nevins J.L. et al.: The multi-moded remote manipulator system, 3. int.
Symp. über Industrieroboter, 1973 Massachusetts, Institut of
Technology

/120/ Asada H., Slotine J.E.: Robot Analysis and Control, John Wiley and Sons
Verlag, 1986

Anhang A.1

Definition von Position und absoluter Orientierung eines Körpers und das
Zusammenfassen dieser Größen zu einem Frame.

Die Position und Orientierung eines Körpers wird in Anlehnung an Craig /74/
mit Bezug auf ein kartesisches Koordinatensystem, dem Bezugssystem,
beschrieben. Die Position eines Punktes wird als 3x1 Positionsvektor formuliert,
dem ein hochgestellter Index für sein Bezugssystem vorangestellt wird.

$$^A P = \begin{bmatrix} p_x \\ p_y \\ p_z \end{bmatrix} \tag{A.1}$$

Zur Festlegung der Orientierung eines Körpers wird in den Körper ein
kartesisches Koordinatensystem hineingelegt und dessen Verdrehung relativ zum
Bezugssystem beschrieben. Bild A.1 veranschaulicht diese Vorgehensweise.

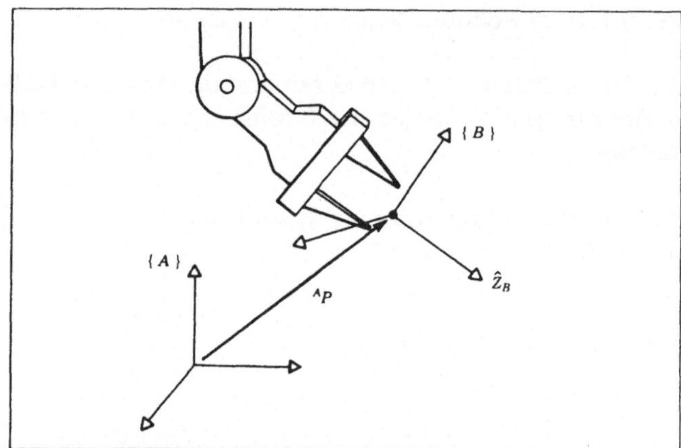

Bild A.1   *Körpereigenes Koordinatensystem {B} und dessen
Verdrehung gegenüber dem Bezugssystem {A}.*

Das Bezugssystem sei das raumfest Koordinatensystem {A}, der Körper im
Robotergreifer trägt das Koordinatensystem {B} und ist hinsichtlich seiner Lage
und Orientierung variabel zu {A}. Die Einheitsvektoren, die die Hauptrichtungen
von {B} festlegen, werden mit $\hat{X}_B$, $\hat{Y}_B$, $\hat{Z}_B$ bezeichnet. Werden diese relativ zu {A}
beschrieben, so ändert sich ihre Schreibweise zu $^A\hat{X}_B$, $^A\hat{Y}_B$, $^A\hat{Z}_B$. Bildet man aus
diesen 3x1 Einheitsvektoren eine 3x3 Matrix, so ergibt sich die Rotationsmatrix
$^A_B R$ nach Gl.(A.2).

$$^{A}_{B}R = [^{A}\hat{X}_{B} \quad ^{A}\hat{Y}_{B} \quad ^{A}\hat{Z}_{B}] = \begin{bmatrix} r_{11} & r_{12} & r_{13} \\ r_{21} & r_{22} & r_{23} \\ r_{31} & r_{32} & r_{33} \end{bmatrix} \qquad (A.2)$$

Die vorangestellten Indizes bezeichnen in diesem Beispiel die Orientierung von {B} zu {A}. Da sich die Komponenten eines beliebigen Vektors aus seiner Projektion auf die Hauptachsen des Bezugssystems ergeben, lassen sich die Komponenten der Rotationsmatrix in Gl.(A.2) als Skalarprodukt zweier Einheitsvektoren formulieren.

$$^{A}_{B}R = [^{A}\hat{X}_{B} \quad ^{A}\hat{Y}_{B} \quad ^{A}\hat{Z}_{B}] = \begin{bmatrix} X_{B}X_{A} & Y_{B}X_{A} & Z_{B}X_{A} \\ X_{B}Y_{A} & Y_{B}Y_{A} & Z_{B}Y_{A} \\ X_{B}Z_{A} & Y_{B}Z_{A} & Z_{B}Z_{A} \end{bmatrix} \qquad (A.3)$$

Der Einfachheit halber wurden in der rechten Matrix die vorangestellten Indizes und die Dächer für die Einheitsvektoren weggelassen. Eine wichtige Eigenschaft dieser Rotationsmatrix ist ihre Orthonormalität, die dazu führt, daß die Inverse der Rotationsmatrix mit ihrer Transponierten identisch ist.

$$^{A}_{B}R = {}^{B}_{A}R^{-1} = {}^{B}_{A}R^{T} \qquad (A.4)$$

Da bei kinematischen Transformationen die Position und Orientierung eines Körpers relativ zu einem anderen sehr oft benötigt wird, werden diese beiden Größen zusammengefaßt zu einem Frame. Ein Frame ist ein Koordinatensystem, das neben seiner Orientierung auch die Position seines Ursprunges relativ zu einem anderen Frame beschreibt. Frame {B} in Gl.(A.5) ist z.B. gekennzeichnet durch die Orientierung $^{A}_{B}R$ und die Lage seines Ursprunges $^{A}P_{B,Org}$ relativ zum Frame {A}

$$\{B\} = \{^{A}_{B}R, \quad ^{A}P_{B,Org}\} \quad . \qquad (A.5)$$

Anhang A.2

Herleitung des Winkelgeschwindigkeit-Vektors Ω und der dazugehörigen Winkelgeschwindigkeits-Matrix S eines rotierenden Frames.

Betrachtet man einen im Frame {B} ruhenden Vektor ^BP, so kann er relativ zu Frame {A} beschrieben werden als

$$^AP = {}^A_BR \; {}^BP \quad .$$

(A.6)

Dreht sich das Frame {B} gegenüber {A} , so ergibt sich die Geschwindigkeit des Punktes P relativ zu {A} zu

$$^Av_P = {}^AP_{,t} = {}^A_BR_{,t} \; {}^BP \quad .$$

(A.7)

Wird ^BP mit Hilfe der Gl.(A.6) ersetzt, so kann Gl.(A.7) geschrieben werden zu

$$^Av_P = {}^A_BR_{,t} \; {}^A_BR^{-1} \; {}^AP \quad .$$

(A.8)

Da die Rotationsmatrix R orthonormal ist (s. auch Anhang A1, Gl.A4), läßt sich das Produkt $R_{,t}R^{-1}$ zu einer schiefsymmetrischen Matrix S vereinfachen

$$^A_BR_{,t} \; {}^A_BR^{-1} = {}^A_BS = \begin{bmatrix} 0 & -\Omega_z & \Omega_y \\ \Omega_z & 0 & -\Omega_x \\ -\Omega_y & \Omega_x & 0 \end{bmatrix} \quad ,$$

(A.9)

so daß Gl.(A.8) geschrieben werden kann zu

$$^Av_P = {}^A_BS \; {}^AP = \Omega \times P \quad .$$

(A.10)

Die Matrix S wird von Craig /74/ als Winkelgeschwindigkeits-Matrix bezeichnet, und ihre hoch- und tiefgestellten Indizes weisen auf ihren Ursprung hin, nämlich daß sie von der Rotationsmatrix ^A_BR abgeleitet wurde. Ihr Name impliziert, daß es einen Vektor Ω geben muß, so daß Gl.(A.9) und (A.10) erfüllt sind. Für die Herleitung des Vektors Ω muß die Ableitung der Rotationsmatrix gebildet werden nach

$$R_{,t} = \lim_{\Delta t \to 0} \frac{R(t + \Delta t) - R(t)}{\Delta t}$$

(A.11)

mit $R(t+\Delta t) = R_K(\Delta\Theta) \; R(t) ,$

(A.12)

womit über dem Zeitraum Δt eine kleine Rotation von $\Delta\Theta$ um eine momentane Achse $\hat{K}$ zum Ausdruck gebracht wird. Gl.(A.12) weist noch auf eine andere Schreibweise einer Rotationsmatrix hin als die in Gl.(A.3) entwickelte. Jede Orientierung eines Frames {B} relativ zu einem Frame {A} erhält man auch dadurch, daß ausgehend von zwei deckungsgleichen Frames das Frame {B} um den Vektor $^A\hat{K}$ mit dem Winkel Θ im Rechtsschraubensinn gedreht wird (s. auch Bild A.2a).

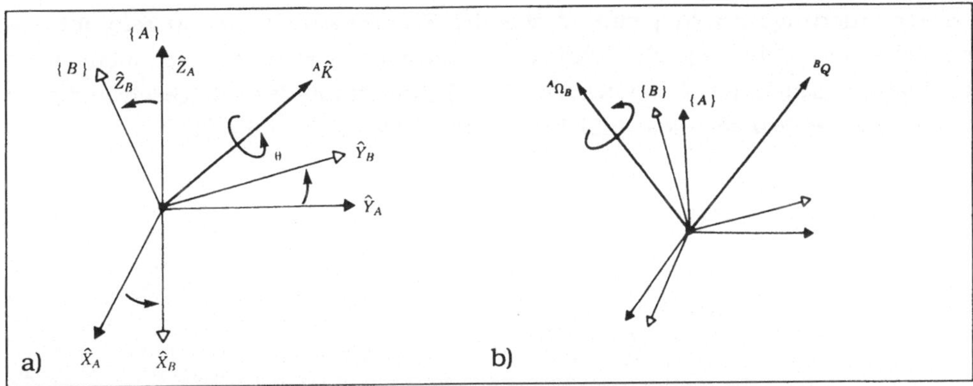

Bild A.2   *a) Äquivalente Winkel-Achs-Darstellung für die Rotation eines Frames*
b) Rotation eines in {B} ruhenden Vektors $^B Q$ relativ zu {A} mit dem
Winkelgeschwindigkeits-Vektor $^A\Omega_B$

Diese verallgemeinerte Schreibweise mit $^A_B R(\hat{K},\Theta)$ oder $R_K(\Theta)$ wird in der Literatur als "äquivalente Winkel-Achs-Darstellung" zitiert, und hat den Vorteil, daß die Rotation mit nur 3 Parametern beschrieben werden kann. Eine endliche Drehung um eine beliebige räumliche Achse kann aus drei ebenen Rotationen erzeugt werden, so daß sich nach Craig folgende äquivalente Rotationsmatrix ergibt:

$$R_k(\theta) = \begin{bmatrix} k_x k_x \, v\theta + c\theta & k_x k_y \, v\theta - k_z \, s\theta & k_x k_z \, v\theta + k_y \, s\theta \\ k_x k_y \, v\theta + k_z \, s\theta & k_y k_y \, v\theta + c\theta & k_y k_z \, v\theta - k_x \, s\theta \\ k_x k_z \, v\theta - k_y \, s\theta & k_y k_z \, v\theta + k_x \, s\theta & k_z k_z \, v\theta + c\theta \end{bmatrix} \qquad (A.13)$$

mit $c\Theta = \cos\Theta$, $s\Theta = \sin\Theta$, $v\Theta = 1\text{-}\cos\Theta$ und $^A\hat{K} = [k_x \, k_y \, k_z]^T$.

Die Ableitung von Gl.(A.13) und die Berücksichtigung kleiner Winkeldrehungen liefert

$$R_K(\Delta\Theta) = \begin{bmatrix} 1 & -k_z \, \Delta\Theta & k_y \, \Delta\Theta \\ k_z \, \Delta\Theta & 0 & -k_x \, \Delta\Theta \\ -k_y \, \Delta\Theta & k_x \, \Delta\Theta & 1 \end{bmatrix} \qquad (A.14)$$

Durch Einsatz von Gl.(A.12) und (A.14) in Gl.(A.11) und anschließender Grenzwertbildung ergibt sich die Ableitung der Rotationsmatrix R zu

$$R_{,t} = \begin{bmatrix} 0 & -k_z\,\Theta_{,t} & k_y\,\Theta_{,t} \\ k_z\,\Theta_{,t} & 0 & -k_x\,\Theta_{,t} \\ -k_y\,\Theta_{,t} & k_x\,\Theta_{,t} & 0 \end{bmatrix} R(t) \; . \tag{A.15}$$

Hiermit bestätigt sich Gl.(A.9), wobei gleichzeitig noch die Bedeutung des Winkelgeschwindigkeits-Vektors Ω zu Tage tritt.

$$\Omega = \begin{bmatrix} \Omega_x \\ \Omega_y \\ \Omega_z \end{bmatrix} = \begin{bmatrix} k_x\Theta_{,t} \\ k_y\Theta_{,t} \\ k_z\Theta_{,t} \end{bmatrix} = \Theta_{,t}\,\hat{K} \; . \tag{A.16}$$

Die Orientierungsänderung eines drehenden Frames kann zu jedem Zeitpunkt als endliche Rotation um eine Achse $\hat{K}$ betrachtet werden. Die momentane Drehachse, erstellt als Einheitsvektor $\hat{K}$ und skaliert mit der Drehgeschwindigkeit $\Theta_{,t}$, ergibt den Winkelgeschwindigkeits-Vektor Ω (s.auch Bild A.2b).

Anhang A.3

Kardanwinkel-Definition Z-Y-X und die Herleitung ihrer Rotationsmatrix

Eine mögliche Form zur Beschreibung der Rotation eines Frames sind die Kardanwinkel. Ausgehend von zwei deckungsgleichen Frames {A} und {B} wird {B} zuerst um Z_B mit dem Winkel α, dann um das neu Y'_B mit dem Winkel β und schließlich um X''_B mit dem Winkel γ gedreht. Jede Drehung erfolgt um eine Achse des mitbewegten Frames {B} und nicht um eine Achse des ruhenden Frames {A}. Diese Vorgehensweise zeichnen Kardanwinkel aus, wobei für die Drehachsenfolge auch die Folgen X-Y-Z, Y-Z-X oder Z-X-Y möglich sind.

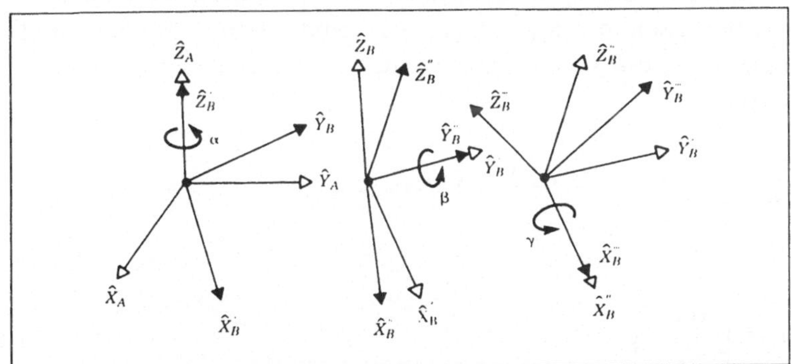

Bild A.2 Beschreibung der Kardanwinkel mit der Drehachsenfolge Z-Y-X

Mathematisch gesehen läßt sich die Gesamtrotation beschreiben als Produkt dreier ebener Einzelrotationen gemäß

$$^A_B R_{Z'Y'X'}(\alpha,\beta,\gamma) = R_Z(\alpha)\ R_Y(\beta)\ R_X(\gamma)\ . \tag{A.17}$$

Die Hochkommas bei den tiefgestellten Indizes von R sollen andeuten, daß die Rotation in Kardanwinkel vorgenommen wurde. Nach Ausmultiplikation der Einzelrotationen ergibt sich die resultierende Rotationsmatrix zu

$$^A_B R_{Z'Y'X'}(\alpha,\beta,\gamma) = \begin{bmatrix} c\alpha\ c\beta & c\alpha\ s\beta\ s\gamma - s\alpha\ c\gamma & c\alpha\ s\beta\ c\gamma + s\alpha\ s\gamma \\ s\alpha\ c\beta & s\alpha\ s\beta\ s\gamma + c\alpha\ c\gamma & s\alpha\ s\beta\ c\gamma - c\alpha\ s\gamma \\ -s\beta & c\beta\ s\gamma & c\beta\ c\gamma \end{bmatrix}\ . \tag{A.18}$$

mit $c\alpha = \cos\alpha$, $s\alpha = \sin\alpha$, usw......

Die gleiche Gesamtrotation würde sich ergeben, wenn dieselben Einzelrotationen in umgekehrter Reihenfolge um feststehende Achsen durchgeführt würden.

Anhang A.4

Umrechnung des äquivalenten Winkelgeschwindigkeits-Vektors Ω auf eine Darstellung im mitbewegten Koordinatensystem nach der Kardandefinition Z-Y-X.

Nach Ausmultiplikation des Matrizenproduktes $R_{,t} \, R^{-1}$ von Gl.(A.9) ergeben sich die Komponenten des äquivalenten Geschwindigkeits-Vektors Ω zu

$$\begin{aligned}
\Omega_x &= r_{31,t} \, r_{21} + r_{32,t} \, r_{22} + r_{33,t} \, r_{23} \\
\Omega_y &= r_{11,t} \, r_{31} + r_{12,t} \, r_{32} + r_{13,t} \, r_{33} \\
\Omega_z &= r_{21,t} \, r_{11} + r_{22,t} \, r_{12} + r_{23,t} \, r_{13}
\end{aligned} \qquad (A.19)$$

Mit einer symbolischen Beschreibung der Rotationsmatrix R in Abhängigkeit der Kardanwinkel α, β ,γ nach Gl.(A.18) kann eine Beziehung zwischen den Kardan-Winkelgeschwindigkeiten $\alpha_{,t}$, $\beta_{,t}$, $\gamma_{,t}$ und dem äquivalenten Winkelgeschwindigkeits-Vektor Ω abgeleitet werden, die in Matrix-Schreibweise folgende Form annimmt:

$$\Omega = \begin{bmatrix} \Omega_x \\ \Omega_y \\ \Omega_z \end{bmatrix} = J_{z'y'x'} (\Theta_{z'y'x'}) \, \Theta_{z'y'x',t} \qquad (A.20)$$

mit

$$\Theta_{z'y'x',t} = \begin{bmatrix} \alpha_{,t} \\ \beta_{,t} \\ \gamma_{,t} \end{bmatrix} . \qquad (A.21)$$

$J_{z',y',x'}$ ist eine Jacobimatrix und eine Funktion der momentanen Kardanwinkel. Ihre Indizes verdeutlichen, daß sie für den speziellen Kardanwinkelsatz Z-Y-X entwickelt wurde. Erster Schritt für die Bestimmung der Jacobimatrix ist die symbolische Ableitung der Kardanmatrix nach Gl.(A.18), womit sich folgende Komponenten von ${}^A_B R_{z',y',x',t}$ ergeben:

$$\begin{aligned}
r_{11,t} &= -\alpha_{,t} \, s\alpha \, c\beta - \beta_{,t} \, s\beta \, c\alpha \\
r_{12,t} &= -\alpha_{,t} \, (s\alpha \, s\beta \, s\gamma + c\alpha \, c\gamma) + \beta_{,t} \, c\beta \, c\alpha \, s\gamma + \gamma_{,t} \, (c\gamma \, c\alpha \, s\beta + s\gamma \, s\alpha) \\
r_{13,t} &= \alpha_{,t} \, (c\alpha \, s\gamma - s\alpha \, s\beta \, c\gamma) + \beta_{,t} \, c\beta \, c\alpha \, c\gamma + \gamma_{,t} \, (c\gamma \, s\alpha - s\gamma \, c\alpha \, s\beta) \\
r_{21,t} &= -\alpha_{,t} \, c\alpha \, c\beta - \beta_{,t} \, s\beta \, s\alpha \\
r_{22,t} &= \alpha_{,t} \, (c\alpha \, s\beta \, s\gamma - s\alpha \, c\gamma) + \beta_{,t} \, cb \, s\alpha \, s\gamma + \gamma_{,t} \, (c\gamma \, sa \, s\beta - s\gamma \, c\alpha) \\
r_{23,t} &= \alpha_{,t} \, (c\alpha \, s\beta \, c\gamma + s\alpha \, s\gamma) + \beta_{,t} \, c\beta \, s\alpha \, c\gamma - \gamma_{,t} \, (s\gamma \, s\alpha \, s\beta + c\gamma \, c\alpha) \\
r_{31,t} &= -\beta_{,t} \, c\beta \\
r_{32,t} &= -\beta_{,t} \, s\beta \, s\gamma + \gamma_{,t} \, c\gamma \, c\beta \\
r_{33,t} &= -\beta_{,t} \, s\beta \, c\gamma - \gamma_{,t} \, s\gamma \, c\beta
\end{aligned} \qquad (A.22)$$

mit $c\alpha = \cos\alpha$, $s\alpha = \sin\alpha$, u.s.w.

Gl.(A.22) eingesetzt in (A.19) und eine anschließende Ordnung der Koefizienten nach den Kardanwinkelgeschwindigkeiten liefert die gesuchte Jacobimatrix

$$J_{z'y'x'} = \begin{bmatrix} 0 & -s\alpha & c\alpha \, c\beta \\ 0 & c\alpha & s\alpha \, c\beta \\ 1 & 0 & -s\beta \end{bmatrix} \qquad (A.23).$$

Durch Linksmultiplikation der Gl.(A.20) mit der Inversen der Jacobimatrix ergeben sich die Kardanwinkelgeschwindigkeiten zu

$$\Theta_{z'y'x',t} = \begin{bmatrix} \alpha_{,t} \\ \beta_{,t} \\ \gamma_{,t} \end{bmatrix} = J^{-1}_{z'y'x'} \; \Omega \; . \tag{A.24}$$

mit

$$J^{-1} = \begin{bmatrix} 0 & 0 & 1/c\beta \\ -s\alpha/c\beta & c\alpha/c\beta & 0 \\ c\alpha & s\alpha & -s\beta/c\beta \end{bmatrix}$$

Die Invertierte der Jacobimatrix ist für $\beta = \pm 90°$ nicht definiert, da die Matrix hier eine Singularität aufweist und ihre Determinante zu Null wird.

Anhang A.5

<u>Kartesische Transformation von statischen Kräften</u>

Für die Herleitung von kartesischen Krafttransformationen müssen die Kraftverhältnisse an einem einzigen Manipulatorarm im Stillstand näher betrachtet werden. Bild A.5 zeigt ein Glied der seriellen Starrkörperkette mit seinem körpereigenen Koordinatensystem {i}, das auf seiner Drehachse liegt.

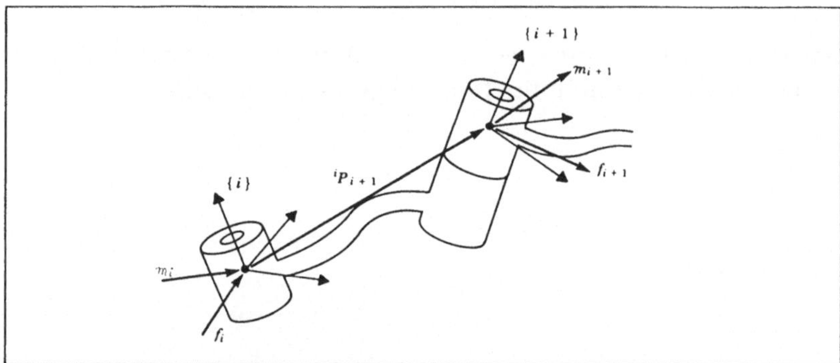

Bild A.5 Statische Kraft-Momentenbilanz an einem einzelnen Manipulatorglied

Eingezeichnet sind jeweils die Kräfte und Momente, die auf die benachbarten Glieder wirken, wobei folgende Bezeichnungen gewählt werden:

f_i = Kraft, die Arm i-1 auf Arm i ausübt

m_i = Moment, das Glied i-1 auf Glied i ausübt

$^iP_{i+1}$ = Vektor vom Ursprung des Koordinatensystems {i} zu {i+1}

Durch Freischnitt des Gliedes i und anschließender Aufstellung der Kräfte- und Momentenbilanz ergeben sich rekursive Gleichungen von der Form

$$^if_i = {}^if_{i+1} \tag{A.25}$$

$$^im_i = {}^im_{i+1} + {}^iP_{i+1} \times {}^if_{i+1} \tag{A.26}$$

Die Kräfte $^if_{i+1}$ und Momente $^im_{i+1}$ können ersetzt werden durch Größen bezogen auf ihr eigenes Körperkoordinatensystem bei gleichzeitiger Linksmultiplikation mit der Rotationsmatrix $^i_{i+1}R$. Gl.(A.25) und Gl.(A.26) ändern sich damit zu

$$^if_i = {}^i_{i+1}R \; {}^{i+1}f_{i+1} \tag{A.27}$$

$$^im_i = {}^i_{i+1}R \; {}^{i+1}m_{i+1} + {}^iP_{i+1} \times {}^i_{i+1}R \; {}^{i+1}f_{i+1} \tag{A.28}$$

Durch Einführung eines verallgemeinerten 6x1 Kraftvektors $\mathcal{F}$ mit F als 3x1 Kraftvektor und M als 3x1 Momentenvektor läßt sich Gl.(A.27) und (A.28) in Matrixform darstellen

$$\begin{bmatrix} {}^A F_A \\ {}^A M_A \end{bmatrix} = \begin{bmatrix} {}^A_B R & 0 \\ {}^A P_{B,Org} \times {}^A_B R & {}^A_B R \end{bmatrix} \begin{bmatrix} {}^B F_B \\ {}^B M_B \end{bmatrix} . \tag{A.29}$$

Das Kreuzprodukt steht für eine Matrixoperation gemäß

$$P \times = \begin{bmatrix} 0 & -pz & py \\ pz & 0 & -px \\ -py & px & 0 \end{bmatrix} , \tag{A.30}$$

wobei aus den Komponenten des Positionsvektors ${}^A P_{B,Org}$ eine schiefsymmetrische Matrix erzeugt wird. Gl.(A.29) stellt einen verallgemeinerten Kraftvektor in Frame {A} in Beziehung zu einem Kraftvektor in Frame {B} und kann vereinfacht geschrieben werden als

$$ {}^A \mathcal{F}_A = {}^A_B T_f \; {}^B \mathcal{F}_B , \tag{A.31}$$

worin T_f für eine Kraft/Momenten-Transformation steht. Gl.(A.29) kann invertiert werden, um den Kraftvektor im Frame {B} zu berechnen, falls seine Größe relativ zu {A} gegeben ist.

$$\begin{bmatrix} {}^B F_B \\ {}^B M_B \end{bmatrix} = \begin{bmatrix} {}^B_A R & 0 \\ {}^B_A R \, {}^A P_{B,Org} \times & {}^B_A R \end{bmatrix} \begin{bmatrix} {}^A F_A \\ {}^A M_A \end{bmatrix} \tag{A.32}$$

Für eine Rechneranwendung empfiehlt sich folgende Schreibweise von Gl.(A.29). {A} sei z.B. das Roboterbasis-Koordinatensystem und {B} das Koordinatensystem seines Endeffektors. Desweiteren werden die Spaltenvektoren der Rotationsmatrix des Frames {B} mit den Vektoren n, o, und a bezeichnet.

$$ {}^A F_A = \begin{bmatrix} {}^A f_x \\ {}^A f_y \\ {}^A f_z \end{bmatrix} = {}^A_B R \; {}^B F_B $$

$$ = \begin{bmatrix} n_x & o_x & a_x \\ n_y & o_y & a_y \\ n_z & o_z & a_z \end{bmatrix} \begin{bmatrix} {}^B f_x \\ {}^B f_y \\ {}^B f_z \end{bmatrix} \tag{A.33}$$

$$ {}^A M_A = \begin{bmatrix} {}^A m_x \\ {}^A m_y \\ {}^A m_z \end{bmatrix} = [\, n \; o \; a \,] \; \{ ({}^A P_{B,Org} \times {}^B F_B) + {}^B M_B \} \tag{A.34}$$

Anhang A.6

Direkte und inverse kinematische Rechnungen an Robotern

A.6.1

Vorwärtstransformation eines 6-achsigen Roboters mit rotatorischen Gelenken

Ein 6-achsiger Manipulator von serieller Starrkörperstruktur mit rotatorischen Gelenken läßt sich kinematisch beschreiben durch Anwendung der Denavit-Hartenberg (DH)-Regel und durch Verwendung von homogenen Matrizen. Dazu wird in jedes Manipulatorglied ein Frame {i} derart hineingelegt, daß seine z-Achse $\hat{Z}_i$ auf der Drehachse und sein Ursprung im Schnittpunkt der gemeinsamen Normalen a_i zur Drehachse des nachfolgenden Gliedes i+1 liegt. Bild A.6 veranschaulicht das Positionieren der Frames.

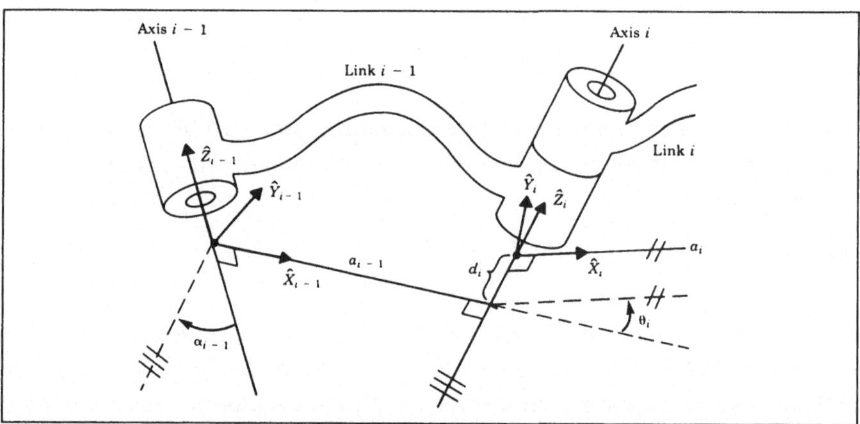

Bild A.6 Setzen von Frames in die Manipulatorgelenke und Festlegung der DH-Parameter

$\hat{X}_i$ zeigt in Richtung der gemeinsamen Normalen a_i und falls $a_i = 0$ ist, dann steht $\hat{X}_i$ senkrecht auf der Ebene, die von $\hat{Z}_i$ und $\hat{Z}_{i+1}$ aufgespannt wird. Lage und Orientierung von Frame {i} relativ zu {i-1} kann in vier Teiltransformationen aufgeteilt werden, die von den sogenannten DH-Parametern bestimmt werden. Diese sind wie folgt festgelegt:

a_i = senkrechter Abstand zwischen $\hat{Z}_i$ und $\hat{Z}_{i+1}$

α_i = Drehwinkel zwischen $\hat{Z}_i$ und $\hat{Z}_{i+1}$ mit $\hat{X}_i$ als Drehachse

d_i = senkrechter Abstand zwischen $\hat{X}_{i-1}$ und $\hat{X}_i$

Θ_i = Drehwinkel zwischen $\hat{X}_{i-1}$ und $\hat{X}_i$ mit $\hat{Z}_i$ als Drehachse

Die Gelenktransformation ist eine Funktion von nur einer Variablen, nämlich dem Drehwinkel Θ_i, während die anderen drei Parameter durch das mechanische Design fest vorgegeben sind. Durch eine strenge Festlegung der Reihenfolge von

Rotationen R und Verschiebungen D kann das Frame $\{i\text{-}1\}$ in $\{i\}$ überführt werden gemäß

$$^{i-1}A_i = R_x(\alpha_{i-1})\ D_x(a_{i-1})\ R_z(\Theta_i)\ D_z(d_i) \tag{A.35}$$

Verschiebungen D und Rotationen R können als homogene 4x4 Matrizen geschrieben werden zu

$$R = \left[\begin{array}{ccc|c} & ^A_B R & & 0 \\ & & & 0 \\ & & & 0 \\ \hline 0 & 0 & 0 & 1 \end{array}\right], \quad D = \left[\begin{array}{ccc|c} 1 & 0 & 0 & ^AP_{B,Org} \\ 0 & 1 & 0 & \\ 0 & 0 & 1 & \\ \hline 0 & 0 & 0 & 1 \end{array}\right]. \tag{A.36}$$

Nach Ausmultiplikation von Gl.(A.35) ergibt sich eine einzelne Gelenktransformation zu

$$^{i-1}A_i = \left[\begin{array}{cccc} c\Theta_i & -s\Theta_i & 0 & a_{i-1} \\ s\Theta_i\,c\alpha_{i-1} & c\Theta_i c\alpha_{i-1} & -s\alpha_{i-1} & -s\alpha_{i-1}\,di \\ s\Theta_i\,s\alpha_{i-1} & c\Theta_i s\alpha_{i-1} & c\alpha_{i-1} & c\alpha_{i-1}\,di \\ 0 & 0 & 0 & 1 \end{array}\right]. \tag{A.37}$$

Der Vorteil der DH-Konvention liegt darin, daß die Transformationsmatrix für ein Gelenk immer nach Gl.(A.37) erstellt werden kann und nur die DH-Parameter gewissenhaft ermittelt werden müssen. Liegen die sechs Gelenktransformationen fest, so ergibt sich das Frame des Endeffektors T_6 relativ zum feststehenden Roboterbasis-Koordinatensystem aus einer fortgeführten Multiplikation der einzelnen Gelenktransformationen zu

$$^0T_6 = {}^0A_1\ {}^1A_2\ {}^2A_3\ {}^3A_4\ {}^4A_5\ {}^5A_6. \tag{A.38}$$

Anhang A.6.2

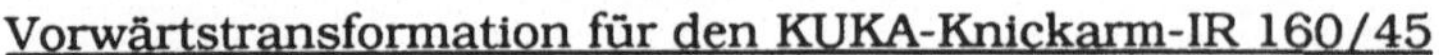

Vorwärtstransformation für den KUKA-Knickarm-IR 160/45

1. kinematisches Ersatzbild

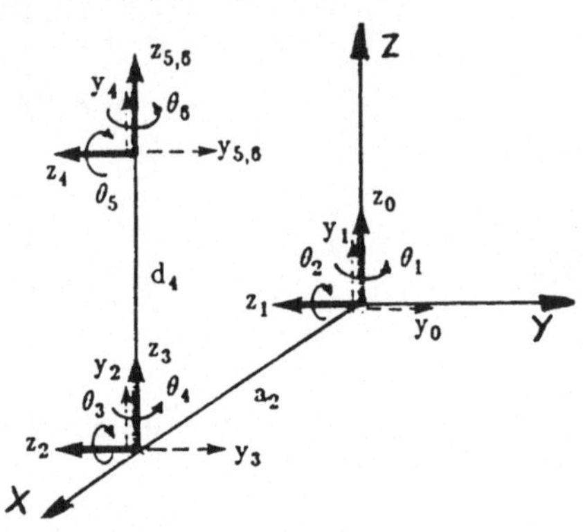

2. DH-Parameter

Arm	Varibale	α_n [°]	a_n [mm]	d_n [mm]
1	Θ_1	90	0	0
2	Θ_2	0	a_2	0
3	Θ_3	−90	0	0
4	Θ_4	90	0	d_4
5	Θ_5	−90	0	0
6	Θ_6	0	0	0

3. Entwicklung der Transformations-Gleichungen

Da Achse 2 und 3 parallel und benachbart liegen, werden ihre Gelenk-Transformationen zusammengefaßt zu der Matrix A_{23}. Diese beinhaltet den Sinus und Cosinus der Summe von Θ_2 und Θ_3, die abgekürzt werden mit

$$S_{23} = \sin(\Theta_2 + \Theta_3) \quad , \quad C_{23} = \cos(\Theta_2 + \Theta_3) \quad .$$

Position und absolute Orientierung des Endeffektors ergeben sich durch fortgeführte Multiplikation der einzelnen Gelenk-Transformationen zu

$$T_6 = A_1 \, A_{23} \, A_4 \, A_5 \, A_6 \quad .$$

Das Matrizenprodukt wird von rechts nach links entwickelt, und dabei werden der Übersichtlichkeit wegen Matrizen für die Zwischenprodukte eingeführt gemäß

$$
\begin{aligned}
U_6 &= A_6 \\
U_5 &= A_5 \, U_6 \\
U_4 &= A_4 \, U_5 \\
U_3 &= A_3 \, U_4 \\
U_2 &= A_{23} \, U_4 \\
U_1 &= A_1 \, U_2
\end{aligned}
$$

Bei der Berechnung dieser U-Matrizen werden für diejenigen Komponenten, die Ausdrücke darstellen, neue Variable U_{ijk} definiert, wobei i für die i-te U-Matrix, j und k für die j-te und k-te Spalte von U_i stehen. Durch Verwendung dieser neuen Variablen bleiben die nachfolgenden Matrizenprodukte überschaubar und zugleich einsatzgerecht für die Rechneranwendung. Auf dem Weg zur Berechnung der gesuchten T_6-Komponenten ergeben sich folgende Variable bei Verwendung der Abkürzungen S_i für $\sin(\Theta_i)$ und C_i für $\cos(\Theta_i)$:

$$U_{512} = -C_5\,S_6,$$

$$U_{522} = -S_5\,S_6,$$

$$U_{412} = C_4\,U_{512} - S_4\,C_6,$$

$$U_{422} = S_4\,U_{512} + C_4\,C_6,$$

$$U_{413} = -C_4\,S_5,$$

$$U_{423} = -S_4\,S_5,$$

$$U_{212} = C_{23}\,U_{412} - S_{23}\,U_{522},$$

$$o_z = S_{23}\,U_{412} + C_{23}\,U_{522},$$

$$U_{213} = C_{23}\,U_{413} - S_{23}\,C_5,$$

$$a_z = S_{23}\,U_{413} + C_{23}\,C_5,$$

$$U_{214} = -S_{23}\,d_4 + a_2\,C_2,$$

$$p_z = C_{23}\,d_4 + a_2\,S_2,$$

$$o_x = C_1\,U_{212} - S_1\,U_{422},$$

$$o_y = S_1\,o_z + C_1\,U_{422},$$

$$a_x = C_1\,U_{213} - S_1\,U_{423},$$

$$a_y = S_1\,U_{213} + C_1\,U_{423},$$

$$p_z = C_1\,U_{214},$$

$$p_y = S_1\,U_{214}.$$

Anhang A.6.3

Rückwärtstransformation für den NOELL-Schräggelenkmanipulator SGR750

1. Abbildung

Geometrische Größen:

l2 = 1000mm (Länge des Armes zw. Gelenk 3 und Gelenk 4)

l3 =   300mm (Länge des Armes zw. Gelenk 4 und Gelenk 5)

l4 =   100mm (Abstand zw. Achse 7 und Gelenk 6)

l5 =   500mm (Abstand zw. Schnittpunkt Achse 6/7 und tcp)

l = l3 + l4

Kinematische Kopplung:

$\Theta 3$ = $\Theta 4$ (Drehrichtungen entgegengesetzt)

Zugrunde gelegte Achsverfahrbereiche:

Achse 1   : 100 .. 1400 mm

Achse 2   : -270 .. +90 grad

Achse 3,4   : -270 .. +90 grad

Achse 5,6,7 : -180 .. +180 grad

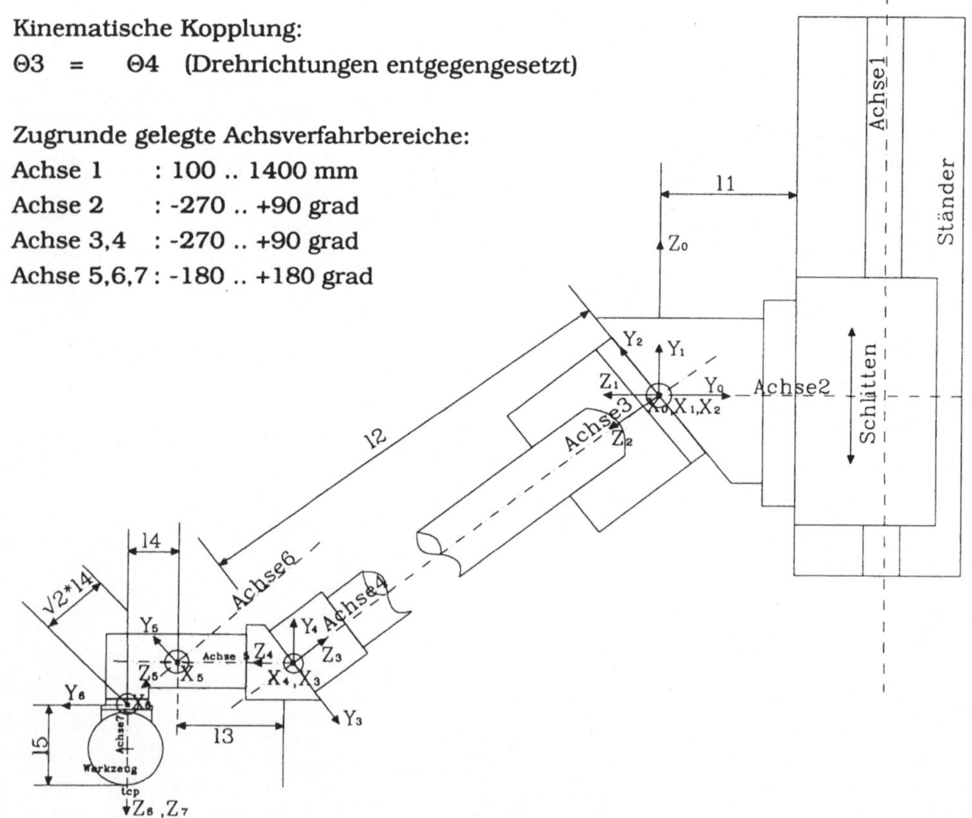

2. DH-Parameter

Arm	Varibale	$\alpha_n\,[°]$	$a_n\,[\text{mm}]$	$d_n\,[\text{mm}]$
1	0	90	0	Θ_1
2	Θ_2	45	0	0
3	Θ_3	180	$\sqrt{2}\,l_2/2$	$\sqrt{2}\,l_2/2$
4	Θ_4	135	0	0
5	Θ_5	45	0	$\sqrt{2}\,l_3$
6	Θ_6	45	0	$\sqrt{2}\,l_4$
7	Θ_7	0	0	l_5

3. A-Matrizen gemäß Vorwärtstransformation

A-Matrizen zur Beschreibung der Transformation vom i-ten zum (i-1)-ten Koordinatensystem.

resultierendes Koord.System

$A_1 = \text{Trans}(0,0,\Theta_1)\ \text{Rot}(x,+90°)$ — x_1,y_1,z_1-KOS

$A_2 = \text{Rot}(z_1,\Theta_2)\ \text{Rot}(x_1,+45)$ — x_2,y_2,z_2-KOS

$A_3 = \text{Rot}(z_2,\Theta_3)\ \text{Trans}(0,0,\sqrt{2}\,l_2/2)\ \text{Trans}(\sqrt{2}\,l_2/2,0,0)\ \text{Rot}(x_2,180°)$ — x_3,y_3,z_3-KOS

$A_4 = \text{Rot}(z_3,\Theta_4)\ \text{Rot}(x_3,+135°)$ — x_4,y_4,z_4-KOS

$A_5 = \text{Rot}(z_4,\Theta_5)\ \text{Trans}(0,0,l_3)\ \text{Rot}(x,+45°)$ — x_5,y_5,z_5-KOS

$A_6 = \text{Rot}(z_5,\Theta_6)\ \text{Trans}(0,0,\sqrt{2}\,l_4)\ \text{Rot}(x_5,+45°)$ — x_6,y_6,z_6-KOS

$A_7 = \text{Rot}(z_6,\Theta_7)\ \text{Trans}(0,0,l_5)$ — x_7,y_7,z_7-KOS

$$A_1 = \begin{bmatrix} 1 & 0 & 0 & 0 \\ 0 & 0 & -1 & 0 \\ 0 & 1 & 0 & -1 \\ 0 & 0 & 0 & 1 \end{bmatrix}$$

$$A_2 = \begin{bmatrix} c_2 & -\sqrt{2}\,s_2/2 & \sqrt{2}\,s_2/2 & 0 \\ s_2 & \sqrt{2}\,c_2/2 & -\sqrt{2}\,c_2/2 & 0 \\ 0 & \sqrt{2}/2 & \sqrt{2}/2 & 0 \\ 0 & 0 & 0 & 1 \end{bmatrix}$$

$$A_3 = \begin{bmatrix} c_4 & s_3 & 0 & \sqrt{2}\,l_2\,c_3/2 \\ s_3 & -c_3 & 0 & \sqrt{2}\,l_2\,s_3/2 \\ 0 & 0 & -1 & \sqrt{2}\,l_2/2 \\ 0 & 0 & 0 & 0 \end{bmatrix}$$

$$A_4 = \begin{bmatrix} c_4 & \sqrt{2}\,s_4/2 & \sqrt{2}\,s_4/2 & 0 \\ s_4 & -\sqrt{2}\,c_4/2 & -\sqrt{2}\,c_4/2 & 0 \\ 0 & \sqrt{2}/2 & -\sqrt{2}/2 & 0 \\ 0 & 0 & 0 & 1 \end{bmatrix}$$

$$A_5 = \begin{bmatrix} c_5 & -\sqrt{2}\,s_5/2 & \sqrt{2}\,s_5/2 & 0 \\ s_5 & \sqrt{2}\,c_5/2 & -\sqrt{2}\,c_5/2 & 0 \\ 0 & \sqrt{2}/2 & \sqrt{2}/2 & l_3 \\ 0 & 0 & 0 & 1 \end{bmatrix}$$

$$A_6 = \begin{bmatrix} c_6 & -\sqrt{2}\,s_6/2 & \sqrt{2}\,s_6/2 & 0 \\ s_6 & \sqrt{2}\,c_6/2 & -\sqrt{2}\,c_6/2 & 0 \\ 0 & \sqrt{2}/2 & \sqrt{2}/2 & \sqrt{2}\,l_4 \\ 0 & 0 & 0 & 1 \end{bmatrix}$$

$$A_7 = \begin{bmatrix} c_7 & -s_7 & 0 & 0 \\ s_7 & c_7 & 0 & 0 \\ 0 & 0 & 1 & l_5 \\ 0 & 0 & 0 & 1 \end{bmatrix}$$

4. Lösungsansatz

Ausgehend von der Vorwärtstransformation wird zuksezzive eine Linksmultiplikation mit den Inversen der Gelenktransformationen in aufsteigender Reihenfolge durchgeführt. Eine wesentliche Vereinfachung für diese Rückwärtsrechnung ergibt sich durch Zusammenfassen der Transformationen benachbarter Armglieder mit parallelen Achsen. Dies trifft beim NOELL-IR für die Achsen 3 und 4 zu, woraus die gemeinsame Transformation A_{34} gebildet wird, und ebenfalls für die Achsen 2 und 5, die zwar parallel liegen, aber nicht benachbart sind, so daß ihre Gelenktransformationen mit A_{34} zusammengefaßt werden zu A_{2345}. Aus den damit aufgestellten Matrizengleichungen ergeben sich für bestimmte Komponenten sehr einfache Teilgleichungen, die eine explizite Berechnung eines Gelenkwinkels ermöglichen.

$$T_6 = A_1\,A_{2345}\,A_6\,A_7$$
$$A_1^{-1}\,T_6 = A_{2345}\,A_6\,A_7$$
$$A_2^{-1}\,A_1^{-1}\,T_6 = A_{34}\,A_5\,A_6\,A_7$$
$$A_{34}^{-1}\,A_2^{-1}\,A_1^{-1}\,T_6 = A_5\,A_6\,A_7$$
$$A_{2345}^{-1}\,T_6 = A_6\,A_7$$
$$A_6^{-1}\,A_{2345}^{-1}\,A_1^{-1}\,T_6 = A_7$$

5. Explizite Gelenkwinkel-Gleichungen

$$\Theta_3: \quad S_3 = -1 + \frac{2\,(1 + p_y)}{l_2}$$
$$\Theta_3 = \arcsin(S_3)$$

$$\Theta_4 = \Theta_3$$
$$\Theta_6: \quad C_6 = 1 + 2\,a_y$$
$$\Theta_6 = \arccos(C_6)$$

Θ_{25}: $\quad \phi = \arctan2(a_x, -a_z)$
$\quad\quad\quad \gamma = \arccos((1 + a_y)/\sqrt{(a_x^2 + a_z^2)})$
$\quad\quad\quad \Theta_{25} = \phi \pm \gamma$

Θ_7: $\quad S_7 = n_x\, S_{25} - n_z\, C_{25} - n_y$
$\quad\quad\quad C_7 = o_x\, S_{25} - o_z\, C_{25} - o_y$
$\quad\quad\quad \Theta_7 = \arctan2(S_7, C_7)$

Θ_2: $\quad a = 2\,(l_2 + 1 + p_y)/l_2$
$\quad\quad\quad con = 2\,(p_x - l_4\, S_{25})/l_2$
$\quad\quad\quad b = \sqrt{2}\, C_3$
$\quad\quad\quad r = \sqrt{(a^2 + b^2)}$
$\quad\quad\quad \phi = \arctan2(a, b)$
$\quad\quad\quad \gamma = \arccos(con/r)$
$\quad\quad\quad \Theta_2 = \phi \pm Y$

Θ_1: $\quad \Theta1 = p_z + l_4\, C_{25} - l_2\,(b\, S_2 - a\, C_2)/2$

Θ_5: $\quad \Theta5 = \Theta_{25} - \Theta_2$

$\quad\quad\quad S_1 = \sin\Theta_1, \quad S_2 = \sin\Theta_2, \quad usw.$
$\quad\quad\quad C_1 = \cos\Theta_1, \quad C_2 = \cos\Theta_2, \quad usw.$
$\quad\quad\quad \Theta_{25} = \Theta_2 + \Theta_5$
$\quad\quad\quad S_{25} = \sin(\Theta_2 + \Theta_5)$
$\quad\quad\quad C_{25} = \cos(\Theta_2 + \Theta_5)$

Anhang B: Kurzbeschreibung der im Master-PC verwendeten Funktionskarten

Karte 1: A/D-Konverter PCL-718 von Advantech Co., Ltd.
- 16 Spannungseingänge unipolar 0 - 10 Volt
- 12 Bit Auflösung
- Funktionsprinzip der sukzessiven Approximation
- Konvertierungsgeschwindigkeit ca. 1KHz
- Genauigkeit 0,01% des Meßwertes (=+/-1 Bit)
- Linearität +/- 1 Bit
- I/O-Adreßbereich 310 - 31F hex
- Programmgesteuerter Datentransfer durch direkte Portadressierung

Karte 2: A/D-Konverter PCL-718 von Advantech Co., Ltd.
- 8 Spannungseingänge bipolar +/- 10 Volt
- I/O-Adreßbereich 320 - 32F hex
- sonstige Charakteristik wie Karte 1

Karte 3: D/A-Konverter PCL-726 von Advantech Co., Ltd.
- 6 Spannungsausgänge bipolar +/-10 Volt
- Auflösung 12 Bit
- Linearität +/- 1/2 Bit
- Genauigkeit +/- 0.012% vom Gesamtmeßbereich
- Ausgangsstrom max. 5mA
- I/O-Adreßbereich 2C0 - 2CF hex
- Wait-States für Anpassung an schnelle Rechner setzbar
- Programmierung durch direkte Portadressierung

Karte 4: PCI-60 Multifunktionszählerkarte von disys Mess- und Testsysteme
- 6 Vorwärts- und Rückwärtszähler für die Auswertung der inkrementellen
    Drehgeber mit Richtungserkennung und Impulsverdopplung
- Zählfrequenz max. 5 MHz
- optoentkoppelte Zähleingänge mit Eingangsstrom 10 .. 40 mA
- Nullsetzung des Zählers durch Impuls am Reseteingang
- I/O-Adreßbereich 230 - 25F hex
- Anwender-Bibliothek mit Prozeduren zur komfortablen Programmierung

Karte 5: 4-fach asynchron serielle Schnittstelle (RS232C) von init GmbH
- Format für jede Schnittstelle frei konfigurierbar
- Übertragungsgeschwindigkeiten bis 115200 Baud
- Sendepuffer bis zu 64 K Zeichen je Schnittstelle
- anpaßbar an BUS-Taktfrequenz durch Einschieben von Wartezyklen
    (Wait-States)
- Interrupt und Adreßbereich frei wählbar
        COM1: 3F8, IRQ4, COM2: 2F8, IRQ3 (IBM-kompatibel)
        Schnittstelle 3: 2B0, IRQ7, Schnittstelle 4: 2B8, IRQ7
- Init-V24-Quadro Pascal-Treiber für Konfigurierung und Bedienung